内容简介

本书内容包括煤矿安全生产基础知识；煤矿安全生产法律法规体系与职工安全生产的权利及义务；煤矿生产安全基础知识；煤矿职工入井须知；矿井通风与灾害预防；自救互救与创伤急救等六章。

本书由国家安全生产监督管理总局培训中心根据国家安全生产监督管理总局、国家煤矿安全监察局2005年颁布的《关于加强煤矿安全培训工作的若干意见》《煤矿安全培训监督检查办法（试行）》，关于："对全体煤矿职工特别是农民工（包括劳务工、轮换工、协议工、季节工等）进行严格的安全培训。未经培训或培训考核不合格者，一律不得上岗作业。"的规定，以及《煤矿安全培训大纲》的具体要求编写。

本书可供煤矿企业职工，特别是农民工安全培训使用。

本书由靳占亭主编，孟维祥、杜春艳、翟君武、姬广喜参与编写。

高危行业农民工安全生产培训丛书

煤矿企业农民工安全生产常识

国家安全生产监督管理总局培训中心组织编写

■ 靳占亨 主编

中国劳动社会保障出版社

图书在版编目(CIP)数据

煤矿企业农民工安全生产常识/靳占亭主编. —北京：中国劳动社会保障出版社，2007.4

高危行业农民工安全生产培训丛书

ISBN 978-7-5045-5093-4

Ⅰ.煤… Ⅱ.靳… Ⅲ.煤矿-安全生产-基本知识 Ⅳ.TD7

中国版本图书馆 CIP 数据核字(2007)第 033079 号

中国劳动社会保障出版社出版发行

(北京市惠新东街 1 号 邮政编码：100029)

出 版 人：张梦欣

*

煤炭工业出版社印刷厂印刷装订 新华书店经销

890 毫米×1240 毫米 32 开本 5.5 印张 1 彩插页 124 千字

2007 年 4 月第 1 版 2007 年 4 月第 1 次印刷

定价：12.00 元

读者服务部电话：010-64929211

发行部电话：010-64927085

出版社网址：http://www.class.com.cn

序

农民工是我国改革开放和工业化、城镇化进程中涌现的一支新型劳动大军，是推动我国社会经济发展的重要力量。目前，全国进城务工和在工矿商贸等企业就业的农民工总数超过2亿人，其中进城务工人员为1.2亿人左右。农民工为我国农村发展、城市繁荣和现代化建设作出了重要贡献，已成为产业工人的重要组成部分。

与此同时，农民工在生产劳动中的安全保障问题也越来越突出。据资料统计，企业中发生的生产安全伤亡事故，80%以上发生在农民工比较集中的中小企业；全国重特大伤亡事故与职业病新发生病例，基本上发生在农民工比较集中的煤矿、金属非金属矿山、危险化学品、烟花爆竹等高危行业。造成这些问题的重要原因之一，是企业安全生产培训主体责任不落实，对农民工的安全培训不到位，农民工的整体安全意识淡薄，缺乏必要的安全知识和自我防范能力。因此，强化农民工的安全意识，提高农民工的安全知识水平，加强对职业危害性较大的高危行业农民工的安全教育培训，已成为当前保护农民工根本利益和促进安全生产形势稳定好转的一项紧迫任务。

对此，国家安全生产监督管理总局高度重视农民工的安全培训工作，开展了广泛深入的调查研究，颁布了《关于加强农民工安全生产培训工作的意见》，不断完善法规标准，确保农民工安全培训依法进行。总局培训中心根据该《意见》的具体要求，组织有关专家编写了“高危行业农民工安全生产培训丛书”。本套丛书涵盖了煤矿、金属非金属矿山、危险化学品、烟花爆竹等高危行业，本着少而精、实用、管用的原则，以增强农民工安全生产意识、掌握安全生产常识和现场操作技能为重点编写。主要内容包括：安全生产法律法规；安全生产基本常识；安全生产操作规程；从业人员安全生产的权利和义务；事故案例分析；工作环境及危险因素分析；危险源和隐患源辨识；个人防险、避灾、自救方法；事故现场紧急疏散和急应处置；安全设施和个人劳动防护用品的使用和维护；职业病防治等。针对农民工的认知水平和特点，教材编写在内容上深入浅出，语言上通俗易懂，形式上图文并茂，以安全生产常识培训教育为主，既可用于培训机构进行培训和教学，也便于农民工理解和自学。

安全生产、劳动保护事关劳动者的身体健康和生命安全，是农民工最基本的劳动权利。我们衷心祝愿广大的农民工兄弟，通过本套丛书的学习培训，进一步提高自身安全素质，在生产劳动中努力做到“不伤害自己，不伤害他人，不被他人所伤害”。同时也希望各生产经营单位，严格按照有关法律法规的规定，认真落实安全生产、安全培训的主体责任，保障安全生产，实现企业的可持续发展。

国家安全生产监督管理总局副局长 孙华山

2007年5月11日

目 录

第一章　煤矿安全生产基础知识

学习目的：

要求通过本章的学习，了解我国煤矿安全生产现状和威胁煤矿安全生产的自然因素，提高农民工安全素质重要性的认识；了解安全生产责任制、安全检查制度和安全生产考评奖惩制度；熟悉煤矿职工劳动纪律的基本内容和“三违”及其危害；了解《生产经营单位安全培训规定》中关于煤矿从业人员安全培训的有关规定。

第一节　煤矿安全生产的特点

一、我国煤矿安全生产现状

我国是一个缺气少油富煤的国家，煤炭是我国重要的基础能源和原料。近年来，在我国总的能源消费结构中，煤炭约占 2/3，其余为石油、天然气及电力。

煤矿大体分为两类，一类是露天矿，另一类是井工矿。井工作业就是地下作业。我国煤矿大多属于地下开采的井工矿，1998 年统计，井工矿矿井产量占总产量的 96.7％；全国仅有 70 座露天煤矿，产量只占原煤总产量的 3.3％。井工矿危险性较高，这主要与井下作业的特殊性有关。井下作业工作场所潮湿、阴暗而且狭窄，地质条件、开采技术复杂，生产环节较多，受水、火、瓦斯、煤尘、顶板等多种自然灾害的威胁，不安全因素多。煤层赋存不稳定，地质构造复杂多样，伴随产生各种各样的地质灾害。仅就国有重点煤矿来看，具有煤尘爆炸危险的矿井占 89.5%，高瓦斯和煤与瓦斯突出矿井占 49.2%，自然发火危险矿井占 57.7%，具有水害危险的矿井占 43%，某些矿井还有冲击地压、岩爆、矿震和高温危害。

我国小煤矿占的比例很大，高于国外主要产煤国家数倍。绝大多数小煤矿基础装备简陋，生产系统不完善，管理落后，采用原始落后的采煤方法，还存在不具备安全生产的基本条件的现象。目前，我国正在加大对不合格小煤矿的关闭工作。小煤矿数量虽然在逐年减少，安全生产也趋于好转，但在安全生产基础管理方面仍存在诸多问题，生产安全事故多发的状况依然未得到有效遏制。小煤矿的产量近几年仅占全国总产量的三分之一左右，但事故起数和死亡人数却占总量的三分之二以上。2004 年，小煤矿发生事故 2 619 起，死亡 4 357 人，事故起数和死亡人数均占全国总事故起数和死亡人数 71.9%。小煤矿百万吨死亡率为 5.87，分别是国有重点煤矿的 6.3 倍和国有地方煤矿的 2.1 倍。2005 年，小煤矿发生事故 2 480 起，死亡 4 384 人，事故起数和死亡人数分别占全国总数的 75% 和

73.8%。小煤矿百万吨死亡率为5.53，分别是国有重点煤矿的5.8倍和国有地方煤矿的2.9倍。2006年1—4月，全国煤矿发生安全事故死亡1 154人，其中小煤矿763人，仍占66.1%。发生一次死亡3～9人的重大事故44起，一次死亡10人以上特大事故4起，一次死亡30人以上特别重大事故1起。全国小煤矿平均2.5天就发生一起一次死亡3人以上的重特大事故，给人民的生命财产造成了严重的损失。

我国国有重点煤矿机械化程度虽已达到72%，但国有地方煤矿和乡镇煤矿机械化程度很低，造成我国煤矿整体装备水平与国外煤矿有很大差距。煤矿防灾系统的性能、状况也远不能满足安全生产的需要。据不完全统计，1999年国有重点煤矿通风能力不足的有52处，占总数的8.74%；约30%的煤与瓦斯突出矿井和40%的高瓦斯矿井没有装备安全监测系统；15万吨以上国有地方煤矿中尚有132处高瓦斯和煤与瓦斯突出矿井没有装备安全监测系统；国有煤矿安全仪器仪表老化、设备陈旧极为普遍；大多数乡镇煤矿找不出一台像样的安全仪表。

从2004年10月中旬到2005年12月上旬，相继发生了6起涉难百人以上的煤矿事故。2005年全国发生一次死亡10人以上重特大事故134起，比上年增加3起，死亡人数增长17%，其中煤矿58起，增加15起，死亡人数增长66.6%。2006年1—5月份发生30人以上事故2起，多起一次死亡接近30人的事故，有的事故只是由于侥幸而没有造成更为惨重的伤亡。近几年煤矿安全状况见表1—1。

表1—1　　2001—2005年我国煤矿安全状况表

年度	2001	2002	2003	2004	2005
死亡人数	5 670	6 995	6 702	6 027	5 938
百万吨死亡率	5.07	4.46	4.17	3.081	2.811

二、我国煤矿农民工的特点

最近几年，农村劳动力大量转移，进入矿山、建筑等高风险、重体力劳动行业和领域。全国550万煤矿职工中，农民工约占半数，主要在井下一线工作。小煤矿从业人员几乎全部为农民工。据统计，在农民工中，文盲与半文盲占7%，小学文化为29%，高中以上仅占13%。因此，农民工的安全理念、操作技能，抵御各种灾害的能力直接影响着煤矿企业的安全、效益和发展。所以，必须坚持“以人为本”的科学发展观，认真贯彻“安全第一、预防为主、综合治理”的安全生产方针，从提高从业人员——特别是农民工安全素质入手。

第二节　煤矿安全生产管理制度

煤矿安全生产管理制度是根据国家安全生产方针、政策和法律法规制定的，是长期安全生产实践经验和无数次事故教训的总结，是用无数煤矿职工生命和鲜血换来的。每一位职工都应该自觉遵守煤矿企业的安全生产管理制度，人人争做遵章守纪的模范。

一、安全生产责任制

所谓安全生产责任制，是企业岗位责任制的一个重要组成部分。《煤矿安全规程》规定：“煤矿企业必须建立、健全各级领导安全生产责任制、职能机构安全生产责任制、岗位人员安全生产责任制。”它是根据“安全第一，预防为主，管生产必须管安全”的原则，综合各种安全生产管理、安全操作制度，对各级领导、各职能部门、各有关职工在生产中应负的安全责任作出的明确规定。

安全生产责任制在整个安全生产规章制度中处于非常重要的核心地位，通过安全生产责任制，将具体规定分解到各岗位的工人、各级领导、各级横向职能部门及其工作人员身上。这种要求的具体化，是各种规章制度得到贯彻执行的重要保证。同时，在出现工伤等意外事故以后，还能比较清楚地分析事故，弄清从管理到操作各方面的责任，对于找出事故原因、吸取事故教训、搞好整改措施、避免事故重复发生也是一项重要的制度保证。所以，它也是在发生重大责任事故或玩忽职守事故后追究刑事责任的依据。

为了加强安全生产管理，充分利用经济杠杆的作用，安全生产责任制还要与奖惩制度结合，对各岗位职工工作实绩制定考核标准，作为实施奖惩的具体依据。

二、安全检查制度

煤矿安全检查是安全管理行之有效的手段之一，通过各种形式的安全大检查，不断地发现生产过程中的不安全因素（环境的不安全条件、管理上的缺陷、物的不安全状态、人的不安全行为），不断地采取针对性措施消除不安全因素，才能确保煤矿生产安全。

在煤矿井下生产过程中，会受到各种不安全因素的影响，称之为“隐患”，如不及时消除，就有可能发生重大伤亡事故。因此，要经常开展安全检查活动，对生产过程中出现的各种安全隐患及时采取整改措施，以避免各种伤亡事故的发生。

随着煤矿开采技术的发展，新技术、新工艺、新设备、新材料不断涌现，对安全生产管理也相应提出了新的要求。要适应新情况，不断解决安全生产的新问题，及时发现新的危险因素，做到预防为主，将事故消灭在萌芽中。安全检查的主要内容如下：

1. 查思想。主要是对照党和国家有关方针、政策，检查企业领导和职工群众对安全生产工作的认识。如干部是否真正做到了关心职工的安全与健康，现场领导人员有无违章指挥，工人有无违章作业、违反劳动纪律的行为，《煤矿安全规程》和各项规章制度是否真正得到贯彻执行。

2. 查管理、查制度。主要检查企业领导是否把安全生产工作摆到了重要议事日程上来。在计划、布置、检查、总结、评比生产的同时，是否将安全工作“五同时”的要求进行了落实，各项安全规章制度是否建立健全及执行情况等。

3. 查安全设施、查隐患。主要是深入现场，检查劳动作业条件、生产设备及安全设施是否符合安全生产、文明生产的要求。如矿井巷道和工作面的支护情况，矿井水、火、瓦斯和煤尘等灾害预防措施是否落实、有效，各种机械设备的安全防护装置是否完善、有效，电气设备的防漏电情况、防爆装置是否符合安全技术要求等。

4. 查事故处理。检查企业对伤亡事故是否及时、准确地报告，是否认真调查、严肃处理。

三、安全生产考评奖惩制度

安全生产考评奖惩制度是搞好煤矿企业安全工作不可缺少的重要制度。它运用了经济、行政、安全制约和激励机制等手段，对调动职工安全生产的主动性、积极性有很大的促进作用。主要内容有以下几个方面：

1. 职工有下列成绩之一的，应按其贡献大小，予以表彰或奖励：

(1) 遵守国家安全生产有关法律法规，认真贯彻落实《煤矿安全规程》和本单位各项安全措施、规定，在安全生产方面作出了显著成绩。

(2) 在生产中发现事故预兆，及时报告上级并立即采取措施，以及制止“三违”，避免了重大事故，显著减轻事故危害程度。

（3）在发生煤矿事故后，积极参加抢险救灾，并立功。

（4）勇于改革创新，在安全技术工作中有重大改革或推广新技术中有卓越成绩。

2. 发生下列情况者，要追究当事人或肇事者的责任并进行处罚：

（1）安全管理制度不健全、管理混乱造成事故的。

（2）没有及时解决安全或尘毒危害等方面存在的问题，造成重大事故或尘毒严重危害的。

（3）对职工不按规定进行安全教育和培训，上岗操作造成事故的。

（4）由于设备不完善或作业环境不安全发生事故的。

（5）职工违章作业或管理人员违章指挥的。

（6）在生产中，发现事故预兆和险情，不采取防止事故的措施，又不及时报告的。

（7）发生事故后，隐瞒事故真相，对肇事者姑息包庇或弄虚作假，甚至嫁祸于人的。

（8）对制止违章作业、违章指挥的人员，对揭发隐瞒事故真相的人员，对安全检查人员进行谩骂、殴打或借故进行报复的。

四、劳动纪律

作为煤矿的一名职工，首先应该遵守劳动纪律。这是职工必须遵守的行为准则，也是劳动者在共同的劳动中必须遵守的规则和秩序；它是一种当事人的劳动法律关系，具有一定的强制性和约束力。特别是煤矿职工，必须严格遵守劳动纪律，才能维持正常的生产秩序，保证安全生产的顺利进行。

1. 煤矿职工劳动纪律的基本内容如下：

（1）禁止旷工和无故迟到、早退，自觉遵守劳动时间和单位的作息制度。

（2）坚守工作岗位，服从分配和管理。

（3）努力工作，保质保量地完成生产任务。

（4）遵守生产和工作秩序，不做与生产和工作无关的事情。

（5）严格遵守安全操作与作业规程，不准违章指挥或违章作业，做到安全生产。

（6）爱护国家财产和公共财物。

（7）遵守本单位其他有关劳动纪律的规定。

2．“三违”及其危害：

所谓“三违”是指煤矿企业职工在生产中所发生或出现的违章作业、违章指挥和违反劳动纪律的现象及行为。煤矿职工队伍中的有些人安全意识不强、法制观念淡薄，“三违”现象时有出现，严重地威胁了矿井的正常生产和矿工的生命安全，甚至造成了矿井的惨重灾难。调查表明，90％以上的事故都是由于“三违”造成的。由于“三违”而造成的重大伤亡事故，全国每年有上千起，伤亡几千人。所以，必须在全体煤矿职工中开展反“三违”的活动。只有坚决与“三违”作斗争，才能确保安全生产。

（1）违章作业。职工安全意识不强，或缺乏安全生产知识，违反《煤矿安全规程》《作业规程》和《操作规程》，违章操作及作业，甚至冒险蛮干。

（2）违章指挥。主要是煤矿井下管理人员，例如区（队）长、班组长等，违反安全规程和安全生产的有关规定而盲目指挥生产的现象及行为。

（3）违反劳动纪律。职工违反企业制定的有关规章制度的现象和行为。如：井下吸烟、睡觉、晚下井而早上井、擅离职守脱岗等。

3. 煤矿反“三违”的有关规定：

（1）对“三违”人员，煤矿有权给予处罚，对情节严重的给予政纪处分。对造成重大事故的责任者，提请司法机关依法惩处。

（2）职工有权制止违章作业，拒绝违章指挥；当工作地点出现险情时，职工有权立即停止作业，撤到安全地点；当险情没有得到处理不能保证人身安全时，职工有权拒绝作业；职工有权提出安全建议。

（3）对违章指挥工人或者强令工人违章、冒险作业以及对工人屡次违章作业熟视无睹，不加制止的，应追究相关责任。

第三节　煤矿安全教育培训

据有关统计，农民工占我国因安全事故死亡人数的90％，患职业病人数的一半以上。随着煤矿安全生产形势的发展和社会不断进步，安全培训在安全生产中的地位和作用日渐突出。围绕贯彻落实《国务院关于解决农民工问题的若干意见》，各有关方面都把农民工安全培训工作提上了重要议事日程。国务院农民工工作联席会议将煤矿等高风险行业安全培训工作列为2006年七项重点工作之一。全国总工会、国家煤矿安监局联合开展了“关爱农民工生命安全与健康特别行动”。各级政府也高度重视这项工作，采取有效措施加强农民工安全培训。

一、国家安全生产监督管理总局《生产经营单位安全培训规定》中关于煤矿从业人员安全培训的有关规定

该《规定》中有关煤矿从业人员安全培训的主要内容如下：

1. 煤矿生产经营单位是安全培训的主体，必须对新上岗的临时工、合同工、劳务工、轮换工、协议工等进行强制性安全培训，保证其具备本岗位安全操作、自救互救以及应急处置所需的知识和技能后，方能安排上岗作业。

2. 煤矿应当进行安全培训的从业人员包括主要负责人、安全生产管理人员、特种作业人员和其他从业人员。接受安全培训后，达到熟悉有关安全生产规章制度和安全操作规程，具备必要的安全生产知识，掌握本岗位的安全操作技能，增强预防事故、控制职业危害和应急处理的能力之目的。未经安全生产培训合格的从业人员，不得上岗作业。

3. 如果从业人员在本单位内调整工作岗位或离岗一年以上重新

上岗时，应当重新接受区、队和班组级的安全培训。

4. 煤矿在实施新工艺、新技术或者使用新设备、新材料时，应当对有关从业人员重新进行有针对性的安全培训。

5. 煤矿生产经营单位新上岗的从业人员安全培训时间不得少于72学时，每年接受再培训的时间不得少于20学时。

二、煤矿安全教育培训的内容

煤矿应当建立安全培训体系，实现矿、区队、班组三级安全培训网络。各级安全培训的主要内容如下：

1. 矿级岗前安全培训内容应当包括：

（1）本矿安全生产情况及安全生产基本知识；

（2）本矿安全生产规章制度和劳动纪律；

（3）从业人员安全生产权利和义务；

（4）事故应急救援、事故应急预案演练及防范措施；

（5）有关事故案例等。

2. 区、队级岗前安全培训内容应当包括：

（1）工作环境及危险因素；

（2）所从事工种可能遭受的职业伤害和伤亡事故；

（3）所从事工种的安全职责、操作技能及强制性标准；

（4）自救互救、急救方法、疏散和现场紧急情况的处理；

（5）安全设备设施、个人防护用品的使用和维护；

（6）本区、队安全生产状况及规章制度；

（7）预防事故和职业危害的措施及应注意的安全事项；

（8）有关事故案例；

（9）其他需要培训的内容。

3. 班组级岗前安全培训内容应当包括：

（1）岗位安全操作规程；

（2）岗位之间工作衔接配合的安全与职业卫生事项；

（3）有关事故案例；

（4）其他需要培训的内容。

三、特种作业人员安全培训

所谓特种作业是指容易发生人员伤亡事故，对操作者本人、他人及周围设施的安全可能造成重大危害的作业。特种作业人员是指直接从事特种作业的人员。所以，煤矿要特别加强对特种作业人员的安全培训。这些人员经专门的培训后，具备相应特种作业的安全技术知识，经安全技术理论考核和实际操作技能考核合格并取得特种作业操作资格证书，方可上岗作业。煤矿特种作业人员培训必须依照国家煤矿安全监察局制定的培训大纲进行。

1. 特种作业包括以下类别：

（1）电工作业；

（2）焊接与热切割作业；

（3）企业内机动车辆作业；

（4）高处作业；

（5）制冷与空调作业；

（6）爆破作业；

（7）矿山安全作业；

（8）矿山应急救护作业；

（9）危险化学品装卸、押运作业；

（10）烟花爆竹生产涉药作业；

（11）民用爆破器材生产涉药、押运作业；

（12）锅炉作业；

（13）压力容器作业；

（14）起重机械作业；

（15）电梯作业；

（16）客运索道作业；

（17）大型游乐设施作业；

（18）压力管道运行操作作业；

（19）经国家安全生产监督管理总局会同国务院有关部门确定的其他作业。

2. 特种作业人员应当具备以下基本条件：

（1）年龄满 18 周岁；

（2）经县级及以上医院体检合格，无妨碍从事相应特种作业的疾病和生理缺陷；

（3）初中及以上文化程度；

（4）符合相应特种作业需要的其他条件。

3. 特种作业人员的考核和发证：

（1）离开本岗位一年以上的特种作业人员，从事原岗位特种作业，应重新对其进行实际操作考核。

（2）申请考核人员应当携带身份证明、毕业证书、健康证明、培训证书等材料，按期到培训机构所在地的考核、发证机构报名。

（3）考核不合格的，允许补考一次；补考仍不合格的，须重新培训。

（4）特种作业操作资格证书由国家安监总局统一规定式样和技术标准。

（5）煤矿特种作业操作资格证书由市（地）以上煤矿安全监察机构颁发，在全国范围内有效。

（6）特种作业操作资格证书每2年复审一次。

（7）特种作业操作资格证书需复审的，应当于有效期届满30个工作日前，由特种作业人员本人或用人单位提出申请，并由当地的考核、发证机构负责复审。复审内容包括：①县级及以上医院健康证明；②违章作业记录情况；③安全生产新知识和事故案例培训；④本作业安全知识考试。

复习与思考题

1. 为什么要落实安全生产责任制？

2. 安全检查的具体内容包括哪些？

3. 为什么要实行安全生产考评奖惩制度？

4. 煤矿职工应该遵守的劳动纪律的基本内容有哪些？

5. 什么是“三违”？如何反“三违”？

6. 煤矿生产经营单位对新上岗的从业人员安全培训时间不得少于多少学时，每年接受再培训的时间不得少于多少学时？

7. 煤矿从业人员应该具备哪些知识和技能后，方能上岗作业？

第二章 煤矿安全生产法律法规及职工安全生产的权利和义务

学习目的：

要求通过本章的学习，掌握和理解煤矿安全生产方针；了解煤矿安全生产有关的法律法规，提高煤矿从业人员的法律意识；通过本章的学习，使煤矿从业人员能依法行使自己在安全生产方面的权利，同时自觉履行自己在安全生产方面的义务。

第一节 煤矿安全生产方针

加强劳动保护，实现安全生产，是我们党和国家一贯坚持的方针。在1949年11月召开的第一次全国煤矿工作会议上，提出并确定了“煤矿生产，安全第一”的煤矿安全生产方针。1952年12月召开的第二次全国劳动保护工作会议，明确要求坚持“安全第一”方针和“管生产必须管安全”的原则。1954年新中国制定的第一部宪法，把加强劳动保护、改善劳动条件作为国家的基本政策确定下来。1998年12月1日实施的《煤炭法》明确规定：“煤矿企业必须坚持安全第一，预防为主的安全生产方针”。2002年11月1日施行的

《安全生产法》也规定："安全生产管理，坚持安全第一，预防为主的方针"。2006 年 6 月7 日，国家安全生产监督管理总局颁发的《关于加强国有煤矿安全基础管理的指导意见》（安监总煤矿［2006］116 号）指出：全面贯彻"安全第一、预防为主、综合治理"方针。目前，这一方针适用于煤矿安全生产工作。

"安全第一"是指在处理安全与生产及其他各项工作的关系时，要强调安全、突出安全，把安全放在一切工作的首要位置。当生产及其他工作与安全发生矛盾时，生产及其他工作要服从安全。"安全第一"体现了以人为本的思想。在各项生产建设中，人是最宝贵的，职工生命安全第一，必须把职工的生命和健康作为第一位工作来抓，作为一切工作的指导思想和行动准则。"安全第一"要求各级人民政府及其有关部门、生产企业的领导者、从业人员要把安全当做头等大事，要把安全工作作为完成各项任务、做好各项工作的前提条件。在计划、布置和实施各项工作时首先要想到安全，预先采取措施，防止事故发生。

"预防为主"是实现安全第一的前提条件。要实现安全第一，必须以预防为主。在事故预防与事故处理的关系上，只有以预防为主，才能防微杜渐，防患于未然，才能把事故消灭在萌芽之中。"预防为主"意味着必须依靠技术进步和科学管理，运用系统工程的原理和方法，采取有效措施，消除危及人身安全和健康的一切不良条件和行为。"预防为主"要求对矿井自然灾害因素和生产过程中的不安全因素要事先辨识、分析和评价，从管理角度研究如何有效地预防、控制事故，制定相应的安全措施并予以实施，达到防止灾变、控制事故发生的目的。

把"综合治理"充实到安全生产方针当中，始于中国共产党第十六届五中全会通过的《中共中央关于制定十一五规划的建议》，并在胡锦涛总书记、温家宝总理的讲话中进一步明确。这一发展和完善，更好地反映了安全生产工作的规律特点。党的安全生产方针是完整的统一体，安全第一、预防为主、综合治理三者之间具有内在的严密的逻辑关系：坚持安全第一，必须以预防为主，实施综合治理；只有认真治理隐患，有效防范事故，才能把“安全第一”落到实处。事故发生后组织开展抢险救灾，依法追究事故责任，深刻吸取事故教训，固然十分重要，但对于生命个体来说，伤亡一旦发生，就不再有改变的可能。事故源于隐患，防范事故的有效办法，就是要主动排查、综合治理各类隐患，把工作做在事故发生之前，把事故消灭在萌芽状态。从这个意义上说，综合治理是安全生产方针的基石，是安全生产工作的重心所在。

第二节 安全生产法律法规体系

我国党和政府历来十分重视安全生产的立法工作。目前，煤矿安全法律法规体系已基本形成，主要由四个部分组成：一是全国人大及其常务委员会颁布的关于安全生产的法律；二是国务院颁布的关于安全生产的行政法规；三是省（自治区、直辖市）级人大及其常务委员会颁布的关于安全生产的地方性法规；四是国务院有关部委、省级人民政府颁布的关于安全生产的规章和地方规章。

我国煤矿安全法律法规体系主要内容有：

1. 法律有《安全生产法》《煤炭法》《矿山安全法》《劳动法》《职业病防治法》《矿产资源法》等。

2. 行政法规有《煤矿安全监察条例》《煤炭生产许可证管理办法》《乡镇煤矿管理条例》《矿山安全法实施条例》《特别重大事故调查程序暂行规定》《企业职工伤亡事故报告和处理规定》等。

3. 地方性法规有《××省矿山安全法实施办法》《××省煤炭法实施办法》等。

4. 部门规章和地方政府规章有《煤矿安全规程》《爆破安全规程》《安全生产培训管理办法》《特种作业人员安全技术培训考核管理办法》等。

第三节　煤矿安全法律法规简介

一、《安全生产法》

1. 立法的目的与意义。《安全生产法》是安全生产的一般法、基本法，于2002年6月29日由第九届全国人民代表大会常务委员会第28次全体会议通过，于2002年11月1日起施行。制定这部法律的目的，是为了加强安全生产的监督管理，防止和减少安全事故，保障人民群众生命和财产安全，促进经济发展。

2.《安全生产法》的主要内容。《安全生产法》作为我国安全生产的综合性法律，具有丰富的法律内涵和规范作用。具体内容共有七章97条。第一章总则，第二章生产经营单位的安全生产保障，第三章从业人员的权利和义务，第四章安全生产的监督管理，第五章生产安全事故的应急救援与调查处理，第六章法律责任，第七章附则。

二、《矿山安全法》

1. 立法的目的。自1993年5月1日起施行的《矿山安全法》是我国第一部矿山安全法律，于1992年11月7日由第七届全国人民代表大会常务委员会第28次会议通过，由国家主席以第65号命令发布。其立法目的是防止矿山事故，保护矿山职工的人身安全，促进采矿工业健康发展，健全矿山法制。

2.《矿山安全法》的主要内容。《矿山安全法》共八章50条。第一章总则，第二章矿山建设的安全保障，第三章矿山开采的安全保障，第四章矿山企业的安全管理，第五章矿山安全的监督和管理，第六章矿山事故处理，第七章法律责任，第八章附则。

三、《煤炭法》

1. 立法的目的。《煤炭法》的立法目的是合理开发利用和保护煤炭资源，规范煤炭生产、经营活动，促进和保障煤炭行业的发展。于1996年8月29日第八届全国人民代表大会常务委员会第21次会议通过，1996年12月1日起施行。是我国第一部煤炭法，是我国煤炭法制建设的里程碑，为煤炭的生产、经营活动确立了基本原则，从而使煤炭行业在法制轨道上健康发展。

2.《煤炭法》的主要内容。《煤炭法》共八章81条。第一章总则，第二章煤炭生产开发规划与煤矿建设，第三章煤炭生产与安全管理，第四章煤炭经营，第五章煤矿矿区保护，第六章监督检查，第七章法律责任，第八章附则。该法确立了坚持“安全第一、预防为主”的安全生产方针，提出了保障国有煤矿的健康发展；开发利用煤炭资源，应当遵守环保法规、法律，做到使环境保护设施与主体工程同时设计、同时施工、同时验收、同时投入使用；严格实行煤炭生产许可证制度和安全生产责任制度及上岗作业培训制度；加强矿区保护，加强煤矿企业监督检查，要求煤矿企业依法办事；维护煤矿企业合法权益，禁止违法开采、违章指挥、滥用职权、玩忽职守、冒险作业，依法追究煤矿企业管理人员违法责任等。该法对煤矿企业的健康发展具有重大意义。

四、《煤矿安全规程》

1.《煤矿安全规程》制定的目的及意义。修订后的《煤矿安全规程》于2004年10月18日由国家煤矿安全监察局审议通过并发布，自2005年1月1日起施行。

《煤矿安全规程》制定的目的是为保障煤矿安全生产和职工人身安全，防止煤矿事故。其意义是规范煤矿工作，加强管理和监察执法力度，遏制重大、特大事故，保护职工安全和健康，保证和促进煤炭工业健康发展和煤矿安全状况稳定好转，为国家步入小康社会作出应有的贡献。

2.规程的主要内容。《煤矿安全规程》共有四编751条。第一编总则，规定煤矿必须遵守有关安全生产的法律法规，规章规程、标准和技术规范，建立各类人员安全生产责任制；明确职工有权停止违章作业、拒绝违章指挥。第二编井工部分，规定开采、“一通三防”管理、提升运输、电气管理，以及爆破作业涉及的安全生产行为标准。第三编露天部分，规范了采剥、运输、排土、滑坡和水火防治、电气及设备检修标准。第四编职业危害，规定必须做好职业危害的防治与管理工作和职业卫生劳动保护工作，使职工健康得到保护。该《煤矿安全规程》为第9次修订，是我国煤矿安全管理方面最全面、最具体、最权威的一部基本规程，是国家有关法律和法规的具体化。

五、《国务院关于预防煤矿生产安全事故的特别规定》

《国务院关于预防煤矿生产安全事故的特别规定》（以下简称《特别规定》）已经于2005年8月31日国务院第104次常务会议通过，自公布之日起施行，共28条。

1.《特别规定》制定的目的。《特别规定》的颁布为了及时发现并排除煤矿安全生产隐患，落实煤矿安全生产责任，预防煤矿生产安全事故发生，为保障职工的生命安全和煤矿安全生产起了重大作用。

2.《特别规定》的核心内容。一是构建了预防煤矿生产安全事故的责任体系；二是明确煤矿预防工作的程序和步骤；三是提出了预防煤矿事故的一系列制度保障。

3.《特别规定》明确规定的15项重大隐患：

（1）超能力、超强度或者超定员组织生产的；

（2）瓦斯超限作业的；

（3）煤与瓦斯突出矿井，未依照规定实施防突出措施的；

（4）高瓦斯矿井未建立瓦斯抽放系统和监控系统，或者瓦斯监控系统不能正常运行的；

（5）通风系统不完善、不可靠的；

（6）有严重水患，未采取有效措施的；

（7）超层越界开采的；

（8）有冲击地压危险，未采取有效措施的；

（9）自然发火严重，未采取有效措施的；

（10）使用明令禁止或者淘汰的设备、工艺的；

（11）年产6万吨以上的煤矿没有双回路供电系统的；

（12）新建煤矿边建设边生产，煤矿改扩建期间，在改扩建的区域生产，或者在其他区域的生产超出安全设计规定的范围和规模的；

（13）煤矿实行整体承包生产经营后，未重新取得安全生产许可证和煤炭生产许可证从事生产的，或者承包方再次转包的，以及煤矿将井下采掘工作面和井巷维修作业进行劳务承包的；

（14）煤矿改制期间，未明确安全生产责任人和安全管理机构的，或者在完成改制后，未重新取得或者变更采矿许可证、安全生产许可证、煤炭生产许可证和营业执照的；

（15）有其他重大安全生产隐患的。

六、《劳动法》

1.《中华人民共和国劳动法》立法的目的。《中华人民共和国劳动法》于 1994 年 7 月 5 日在中华人民共和国第八届全国人民代表大会常务委员会第八次会议通过，自 1995 年 1 月 1 日起施行。其立法目的是为了保护劳动者的合法权益，调整劳动关系，建立和维护适应社会主义市场经济的劳动制度，促进经济发展和社会进步。

2.《劳动法》主要内容。《劳动法》共十三章，107 条。其内容主要有以下方面：

劳动合同是劳动者与用人单位确立劳动关系、明确双方权利和义务的协议。用人单位吸收新工人，双方建立劳动关系，应当订立劳动合同。订立和变更劳动合同，应当遵循平等自愿、协商一致的原则，不得违反法律、行政法规的规定。劳动合同应当以书面形式订立，并具备以下条款：①劳动合同期限；②具体工作岗位以及对工作技能的要求；③劳动场地、生产设备、劳动工具、安全卫生设施和条件、劳动保护用品、待遇、工作时间、休假制度、因公伤病等规定；④基本工资、奖金、各种津贴、有关保险和福利待遇；⑤各种规章制度，违反后的处理规定；⑥劳动合同终止的条件；⑦违反劳动合同的责任。

劳动者有下列情形之一的，用人单位不得解除劳动合同：①患职业病或者因工负伤并被确认丧失或者部分丧失劳动能力的；②患病或者负伤，在规定的医疗期内的；③女职工在孕期、产期、哺乳期的；④法律、行政法规规定的其他情形。

七、工伤保险条例

《工伤保险条例》于2003年4月16日经国务院第5次常务会议讨论通过，自2004年1月1日起施行。目的是为了保障因工作遭受事故伤害或者患职业病的职工获得医疗救治和经济补偿，促进工伤预防和职业康复，分散用人单位的工伤风险。《工伤保险条例》共八章，61条，主有内容有：

1. 工伤保险费的缴纳。中华人民共和国境内的各类企业、有雇工的个体工商户应当依照本条例规定参加工伤保险，按时为本单位全部职工或者雇工缴纳工伤保险费。中华人民共和国境内的各类企业的职工和个体工商户的雇工，均有依照本条例的规定享受工伤保险待遇的权利。但职工个人不缴纳工伤保险费。

2. 工伤认定。职工有下列情形之一的，应当认定为工伤：①在工作时间和工作场所内，因工作原因受到事故伤害的；②工作时间前后在工作场所内，从事与工作有关的预备性或者收尾性工作受到事故伤害的；③在工作时间和工作场所内，因履行工作职责受到暴力等意外伤害的；④患职业病的；⑤因工外出期间，由于工作原因受到伤害或者发生事故下落不明的；⑥在上下班途中，受到机动车事故伤害的；⑦法律、行政法规规定应当认定为工伤的其他情形。

职工有下列情形之一的，视同工伤：①在工作时间和工作岗位，突发疾病死亡或者在48小时之内经抢救无效死亡的；②在抢险救灾等维护国家利益、公共利益活动中受到伤害的；③职工原在军队服役，因战、因公负伤致残，已取得革命伤残军人证，到用人单位后旧伤复发的。

职工有下列情形之一的，不得认定为工伤或者视同工伤：①因犯罪或者违反治安管理伤亡的；②醉酒导致伤亡的；③自残或者自杀的。

3. 工伤认定申请。职工发生事故伤害或者按照职业病防治法规定被诊断、鉴定为职业病，所在单位应当自事故伤害发生之日或者被诊断、鉴定为职业病之日起30日内，向统筹地区劳动保障行政部门提出工伤认定申请。遇有特殊情况，经报劳动保障行政部门同意，申请时限可以适当延长。

用人单位未按规定提出工伤认定申请的，工伤职工或者其直系亲属、工会组织在事故伤害发生之日或者被诊断、鉴定为职业病之日起1年内，可以直接向用人单位所在地统筹地区劳动保障行政部门提出工伤认定申请。

用人单位未在规定的时限内提交工伤认定申请，在此期间发生符合本条例规定的工伤待遇等有关费用由该用人单位负担。

提出工伤认定申请应当提交下列材料：①工伤认定申请表，包括事故发生的时间、地点、原因以及职工伤害程度等基本情况；②与用人单位存在劳动关系（包括事实劳动关系）的证明材料；

③医疗诊断证明或者职业病诊断证明书（或者职业病诊断鉴定书）。

职工或者其直系亲属认为是工伤，用人单位不认为是工伤的，由用人单位承担举证责任。

劳动保障行政部门应当自受理工伤认定申请之日起 60 日内作出工伤认定的决定，并书面通知申请工伤认定的职工或者其直系亲属和该职工所在单位。

4. 劳动能力鉴定。职工发生工伤，经治疗伤情相对稳定后存在残疾、影响劳动能力的，应当进行劳动能力鉴定。

劳动能力鉴定是指劳动功能障碍程度和生活自理障碍程度的等级鉴定。劳动功能障碍分为十个伤残等级，最重的为一级，最轻的为十级。

职工因工致残被鉴定为一级至四级伤残的，保留劳动关系，退出工作岗位，享受以下待遇：①从工伤保险基金按伤残等级支付一次性伤残补助金，标准为：一级伤残为 24 个月的本人工资，二级伤残为 22 个月的本人工资，三级伤残为 20 个月的本人工资，四级伤残为 18 个月的本人工资。②从工伤保险基金按月支付伤残津贴，标准为：一级伤残为本人工资的 90%，二级伤残为本人工资的 85%，三级伤残为本人工资的 80%，四级伤残为本人工资的 75%；伤残津贴实际金额低于当地最低工资标准的，由工伤保险基金补足差额。③工伤职工达到退休年龄并办理退休手续后，停发伤残津贴，享受基本养老保险待遇。基本养老保险待遇低于伤残津贴的，由工伤保险基金补足差额。

职工因工致残被鉴定为一级至四级伤残的，由用人单位和职工个人以伤残津贴为基数，缴纳基本医疗保险费。

职工因工致残被鉴定为五级、六级伤残的，享受以下待遇：

①从工伤保险基金按伤残等级支付一次性伤残补助金，标准为：五级伤残为 16 个月的本人工资，六级伤残为 14 个月的本人工资。②保留与用人单位的劳动关系，由用人单位安排适当工作。难以安排工作的，由用人单位按月发给伤残津贴，标准为：五级伤残为本人工资的 70%，六级伤残为本人工资的 60%，并由用人单位按照规定为其缴纳应缴纳的各项社会保险费。伤残津贴实际金额低于当地最低工资标准的，由用人单位补足差额。

职工因工致残被鉴定为七级至十级伤残的，享受以下待遇：①从工伤保险基金按伤残等级支付一次性伤残补助金，标准为：七级伤残为 12 个月的本人工资，八级伤残为 10 个月的本人工资，九级伤残为 8 个月的本人工资，十级伤残为 6 个月的本人工资。②劳动合同期满终止，或者职工本人提出解除劳动合同的，由用人单位支付一次性工伤医疗补助金和伤残就业补助金。

生活自理障碍分为三个等级：生活完全不能自理、生活大部分不能自理和生活部分不能自理。

第四节　煤矿职工安全生产的权利及义务

根据《安全生产法》《矿山安全法》《煤炭法》《劳动法》等法律法规的有关规定，煤矿职工在安全生产方面的权利及义务主要有：

1. 煤矿职工在安全生产方面的权利：

（1）安全生产的知情权和建议权。职工有了解作业场所和工作岗位存在的危险因素、防范措施及事故应急措施的权利。有权对本单位的安全生产工作提出建议。

（2）获得符合国家标准的劳动防护用品的权利。

（3）对本单位安全生产工作中存在的问题提出批评、检举、控告；有权拒绝违章指挥和强令冒险作业。

（4）发现直接危及人身安全的紧急情况时，有停止作业或者采取紧急避险措施的权利。

（5）在发生安全事故后，有获得及时抢救和医疗救治并获得工伤保险赔付的权利等。

（6）享受工伤保险和伤亡求偿权。

2. 煤矿职工安全生产的义务。在享有获得安全生产保障权利的同时，也负有以自己的行为保证安全生产的义务。主要包括：

（1）煤矿职工应该遵守本单位的安全生产规章制度和操作规程，服从管理，不得违章作业。

（2）煤矿职工要接受安全生产教育和培训，掌握本职工作所需要的安全生产知识，不断提高安全生产技能，增强事故预防和应急处理能力。

（3）煤矿职工发现事故隐患或者其他不安全因素，应当立即向本单位安全生产管理人员或本单位负责人汇报。接到报告的人员应当及时予以处理。

（4）为了保障自身的安全和身体健康，应当正确使用和佩戴劳动防护用品。

3. 煤矿井下工人岗位津贴。井下艰苦岗位津贴适用于各类煤炭企业的井下作业职工，不包括露天煤矿职工。具体发放范围为：井下采掘工人、辅助工人、安检人员及下井工作且编制在井下采掘、辅助队的基层干部、技术人员和管理人员。

井下艰苦岗位津贴包括井下津贴、班中餐补贴和夜班津贴。

（1）井下津贴：井下采掘工：15～30元/工；井下辅助工：10～20元/工。安检人员、基层干部、技术人员及管理人员的井下津贴标准按井下辅助工标准执行。

（2）班中餐补贴：6～10 元/工。班中餐补贴由企业集中用于井下作业职工的伙食，不得挪作他用，也不得直接支付给职工个人。

（3）夜班津贴：前夜班：6～10 元/工；后夜班：8～12 元/工。

第五节 劳动保护

由于煤矿井下作业环境的复杂性和特殊性，为了防止职业危害，保护职工的身体健康，需要采取有效的措施进行劳动保护，最大限度地消除劳动过程中危及人身安全和健康的不良条件，防止伤亡事故和职业病，保障煤矿职工身体的安全和健康。

一、煤矿井下的作业环境

煤矿井下的作业环境比地面田园、车间等任何场所的工作环境都艰苦得多，特别是地方小煤矿尤为突出。具体表现为劳动强度大，一般矿井采掘工纯工作 8 小时，在井下就需 10 小时左右；没有阳光照射；上下、前后、左右无时无刻不受到安全威胁，还有矿尘、煤尘、炮烟等存在；呼吸新鲜空气需要通风解决；由于地热作用、人体和机电设备散热、水分蒸发等，井下的温度、湿度、空气质量等气候条件，使得矿井采掘面环境远不如地面。

另外，井下作业危险系数也较高。首先是生产工艺复杂，采煤、掘进、机电、运输、通风、排水等，哪一个工种、哪一道工序、哪一个系统和环节出了问题都可能酿成事故。二是瓦斯、煤尘爆炸，水、火灾害和大冒顶事故破坏性很大，严重的可导致矿毁人亡。三是机电操作、运输环节、施工材料等也时常发生事故，或产生职业危害，如机械设备运转产生的噪声，局部通风机和风动凿岩机等尤为突出，施工中所用材料，例如水泥和锚固剂对人的腐蚀和毒害以及井下的泥水环境等，每时每刻都对人产生着伤害。

二、煤矿职工的劳动保护用品

为了保障煤矿职工的安全与健康，《劳动法》规定，用人单位必须为劳动者提供符合国家规定的劳动安全卫生条件和必要的劳动防护用品，对从事有职业危害作业的劳动者定期进行健康检查。《煤炭法》《安全生产法》也规定，企业必须为职工提供保障安全生产所需的符合国家或行业标准的劳动保护用品。煤矿企业现有劳动保护用品有下列几种：

1. 自救器。煤矿井下发生瓦斯、煤尘爆炸或火灾等事故时，可能产生大量的一氧化碳等有毒有害气体。所以，矿工下井时必须随身携带自救器，防止吸入有毒有害气体而中毒。

2. 工作服。煤矿井下劳动条件复杂，随时都有被划伤和磕碰的可能，不但有粉尘，且气候潮湿，所以工作时要穿比较坚固结实的工作服。

3. 安全帽。为了防止头被撞破、砸伤，矿工下井必须戴安全帽。

4. 防护鞋（胶靴）。因为井下泥水环境较多，矿工往往要站在泥水中工作，所以必须穿胶靴。电工作业人员必须穿绝缘靴。

5. 防护手套。在井下工作时，往往要接触对人皮肤有伤害的物品。如水泥施工或喷射混凝土施工和注树脂锚固剂等都必须戴防护手套。

6. 呼吸护具。如防尘、防毒口罩。

7. 听力护具。耳塞、耳罩等。

此外，还有防止坠落的安全带、安全绳、安全网；用于护肤的护肤膏和洗涤剂等。

三、特殊劳动保护

《劳动法》规定，不得安排女职工从事井下劳动；不得安排“未成年工”（年满16周岁未满18周岁的劳动者）从事井下劳动。

《煤炭法》规定，“煤炭企业必须为煤矿井下作业职工办理意外伤害保险，支付保险费”。

复习与思考题

1. 煤矿安全生产方针是什么？

2. 煤矿安全生产有关的法律法规主要有哪几个？

3. 劳动合同应当以书面形式订立，并应该具备哪些条款？

4. 在什么情况下，劳动者可以随时通知用人单位解除劳动合同？

5. 在什么情况下，用人单位不得解除劳动合同？

6. 职工有哪些情形之一的，应当认定为工伤？

7. 煤矿职工在安全生产方面的权利及义务主要有哪些？

第三章　煤矿生产安全基础知识

学习目的：

要求通过本章的学习，了解煤矿有关地质知识，如煤层特征、地质构造等；了解煤矿常见的开拓方式；掌握巷道掘进与支护的方法。在作业中，严格遵守《煤矿安全规程》有关规定；对采区巷道布置有初步了解，掌握常用的回采工艺，遵守《煤矿安全规程》中回采安全有关规定。通过本章的学习，了解矿井提升系统、运输系统和供电系统的一般知识，掌握入井人员乘坐罐笼、平巷人车和斜井人车的安全注意事项；理解井下电气设备的使用、搬迁及检修维护的具体要求，从而避免矿井提升、运输过程中的人身伤害事故，并确保井下安全用电。

第一节　煤矿地质基本知识

一、煤的形成

煤是由古生植物遗体沉积在沼泽环境后，在高温、高压条件下再经过一系列物理变化和化学变化而生成的。煤的形成可分为两个阶段：

1. 泥炭化阶段。在很久很久以前，成煤的地质时代，生长着茂密的森林和植物，它们死亡后，遗体到达地表较低的湖泊沼泽环境中沉积。在厌氧细菌的分解活动下逐渐形成泥炭。泥炭形成以后，如果地壳上升，泥炭暴露在地表则会风化，不能形成煤。只有在泥炭形成以后，地壳下沉，在泥炭上部又沉积其他物质，将泥炭覆盖，再经高温、高压后才能形成煤炭。

2. 成煤阶段。如果地壳继续发生沉降，泥炭层很快被其他沉积物所掩盖。随着地壳的进一步沉降，泥炭层下降到地下较深的地方，它上面覆盖的沉积物愈来愈厚。压力和地温不断增加，原来疏松、多水的泥炭受到紧压、脱水、胶结、聚合，体积大大缩小，变成了最初的煤——褐煤。

褐煤形成后，如果地壳继续沉降，则在温度更高、压力更大的条件下，褐煤内的成分将进一步变化，最终形成各种不同种类的煤。它们依次为：褐煤→长焰煤→不粘煤→弱粘煤→气煤→肥煤→焦煤→瘦煤→贫煤→无烟煤。

二、煤的埋藏特征

煤层埋藏特征包括煤层的厚度、结构、倾角及稳定性等，这些特征与采煤方法有直接的关系。

1. 煤层的结构。根据煤层中有无较稳定的矸石夹层，可将煤分为两类，即简单结构煤层和复杂结构煤层。

(1) 简单结构煤层。煤层在当初形成时，沼泽中植物遗体的沉积基本上是连续性的，没有呈层状出现的稳定的矸石层，但可能夹有较少的矿物质或结核，如图 3—1 所示。

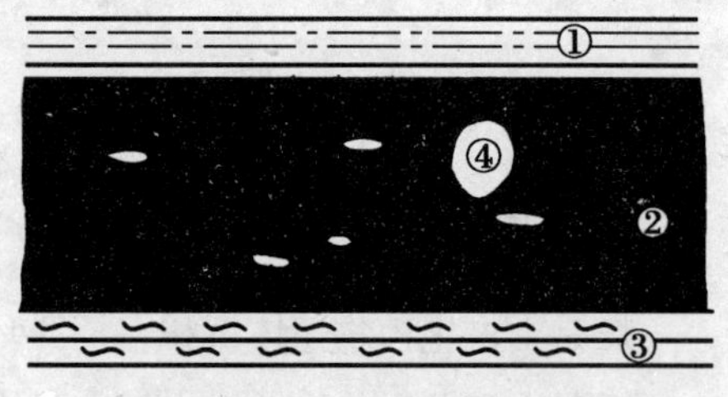

图 3—1　简单结构煤层

1—顶板　2—煤　3—底板　4—矿物质透镜体

(2) 复杂结构煤层。在成

煤过程中，泥炭沉积曾为间歇性，在泥炭沉积后又沉积了泥沙，再后来又沉积了泥炭，而沉积的泥沙则形成夹矸。复杂结构煤层中常含有较稳定的夹石层（也称夹矸层），少则一层，多则几层，如图 3—2 所示。

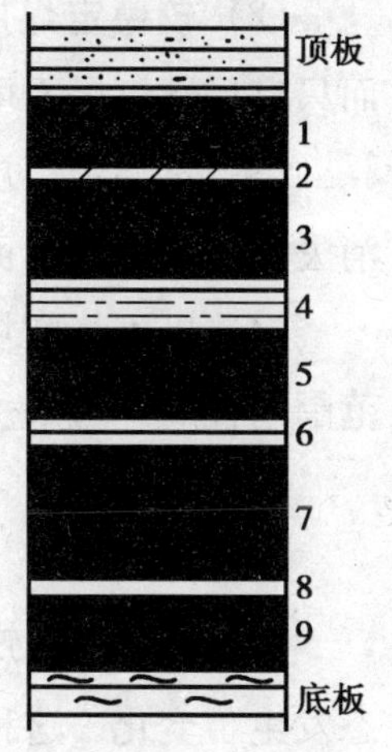

图 3—2　复杂结构煤层
1、3、5、7、9　煤层
2、4、6、8—夹矸层

煤层中夹矸的厚度和数量不一，夹矸的层数越多、厚度越大，对采煤工作和煤的质量影响就越大。

2. 煤层的厚度。煤炭在生成时厚薄不一，它直接影响到采煤方法的选择。因此，根据开采技术特点，煤层按厚度分为以下三类：

薄煤层：<1.3 米

中厚煤层：1.3～3.5 米

厚煤层：>3.5 米

在生产工作中，习惯上将厚度在 6 米以上的煤层称为特厚煤层。

3. 煤层的倾角。煤层的倾角是指煤层相对水平面的夹角。倾角对采煤方法和设备的选型有很大影响。根据倾角大小将煤层分为以下四类：

近水平煤层：<8°

缓倾斜煤层：8～25°

倾斜煤层：25～45°

急倾斜煤层：>45°

4. 煤层的稳定性。煤炭在形成过程中，受自然条件因素的影响，其煤层的厚度都是变化的，有时厚有时薄，甚至消失。根据厚度变化情况可将煤层分为下列四类：

（1）稳定煤层。这种煤层在整个矿井开采范围内厚度均大于最小可采厚度，而且厚度的变化有一定的规律性。

（2）较稳定煤层。在矿井开采范围内绝大多数煤层基本可采，而只有局部煤层不可采。

（3）不稳定煤层。这样的煤层厚度变化很大，有薄有厚，甚至消失。经常出现不可采区域。

（4）极不稳定煤层。煤层常呈鸡窝状，断断续续分布，在井田范围内仅局部可采。

三、地质构造

在长期的地质历史中，地壳发生了各种运动，使煤层的空间形态发生了变化。这种由地壳运动而造成的岩层的空间形态叫地质构造。地质构造可分为三种基本构造类型，即单斜构造、褶皱构造和断裂构造。

1. 单斜构造。在一个井田范围内，如果煤层大致向同一方向倾斜，这样的构造叫单斜构造，如图 3—3 所示。单斜构造煤层在地壳中的存在状态用产状要素来表示。

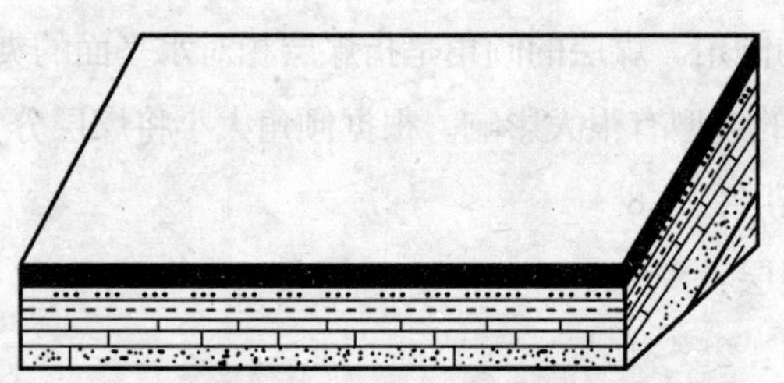

图 3—3　单斜构造

它包括煤层的走向、倾向和倾角，如图 3—4 所示。

（1）走向。倾斜煤（岩）层层面与水平面的交线称为走向线。走向线的方向代表煤层的走向。

（2）倾向。在煤层层面上和走向线垂直向下的线叫倾斜线。倾斜线在水平面上的投影线代表煤层的倾向。

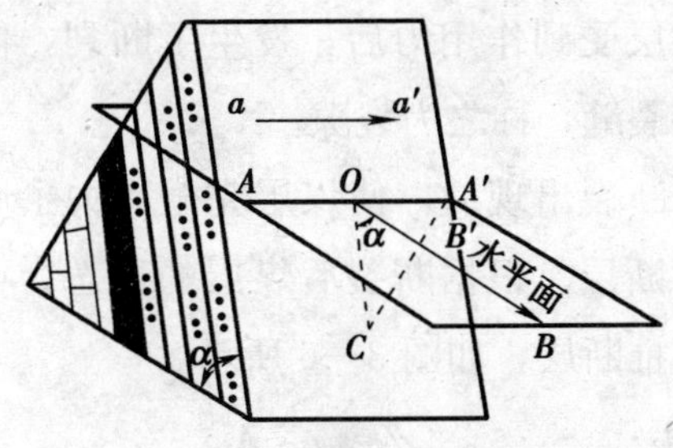

图 3—4　岩层产状要素

aa'—走向　AA'—走向线

CO—倾斜线　α—倾角　OB—倾向

（3）倾角。煤层倾斜线和水平面的夹角叫煤层的倾角。

2. 褶皱构造。当煤层受到水平方向的挤压力后，煤层产生弯曲，但没有丧失其原有的连续性，这种构造形态叫褶皱构造。褶皱构造的基本单位叫褶曲。褶曲就是岩层的一个弯曲，如图 3—5 所示。褶曲的基本形态有两种，即背斜和向斜。

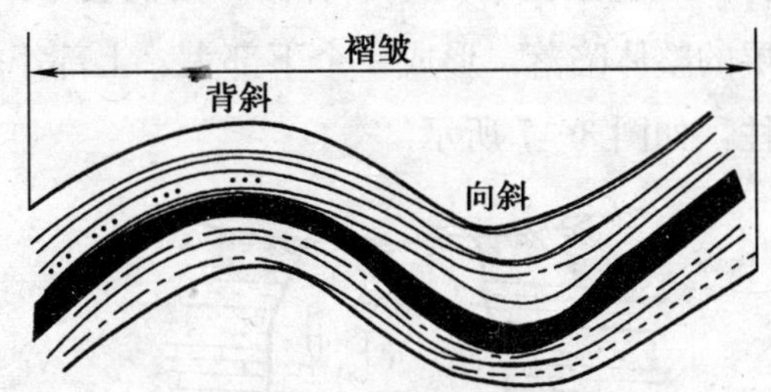

图 3—5　褶皱和褶曲

（1）背斜。在形态上是一个中间向上凸起的弯曲，煤层从中心向两侧倾斜。

（2）向斜。在形态上是一个中间向下凹去的弯曲，煤层从两侧向中心倾斜。

3. 断裂构造。煤层受力后，当作用力超过煤层的强度时，产生的错位、断裂叫断层。断裂后，如果两侧煤层没有明显的位移叫做裂隙；如果发生了明显的位移则叫做断层。

（1）裂隙。煤层受到作用力后，发生了断裂，但没有明显的位移，只是产生许多裂缝，称之为裂隙。

（2）断层。当断裂出现后，使煤层完全丧失了原来的连续性和完整性，则称之为断层。根据断裂后煤层的形态，可将断层分为正断层、逆断层和平推断层，如图 3—6 所示。

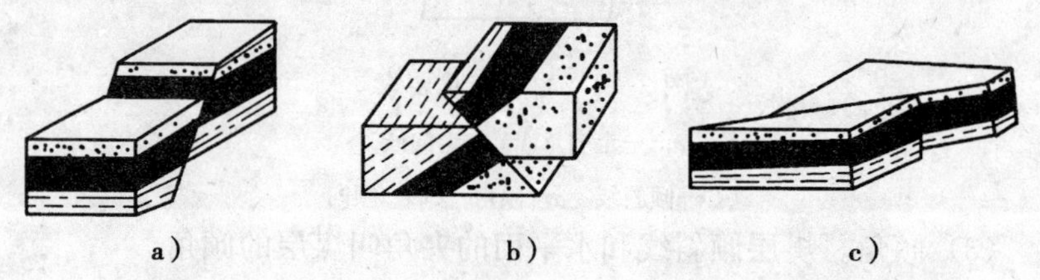

图 3—6　断层立体示意图

a）正断层　b）逆断层　c）平推断层

4. 陷落柱。在煤层底板的奥陶纪石灰岩中，由于酸性水的作用形成许多溶洞。而且随酸性水的不断补给，溶洞会不断增大。最后导致其上部岩层的整体陷落，形成一个下部大、上部小的破碎柱体，通常称为陷落柱，如图 3—7 所示。

图 3—7　陷落柱

矿井范围内的陷落柱直径从几米至几百米不等。其中陷落的岩层杂乱无章、极其破碎。而且其中大都存有水，有的还与强含水层相连接，对煤矿安全生产造成很大的威胁。

第二节　矿 井 开 拓

一、井田划分

1. 煤田和井田的概念：

（1）煤田。由含炭物质的沉积而形成的大面积含煤地带称为煤田。煤田的面积大小不一，大的可达几百平方公里，储量达几百亿吨，所含的煤层最多可达几十层。所以，在开采煤田的过程中，由于经济和技术等原因，不可能将整个煤田用一个矿井来开采。一般都要将煤田划分为多个矿井进行开采。

（2）井田。在煤田范围内，由一个矿井开采的部分叫井田。井田的范围大小不一，储煤量不同。根据我国的国情和煤矿生产现状，目前井田的走向长度一般为：

大型矿井：≥7 000 米

中型矿井：4 000～7 000 米

小型矿井：1 500～4 000 米

2. 井田内的再划分。将煤田划分成井田后，范围仍比较大，为了开采煤炭还必须将井田再划分为若干个较小的部分。

（1）井田划分为阶段。在井田范围内，按照一定的标高，将井田沿倾斜方向划分为若干个长条形部分，每一个长条形部分叫一个阶段，如图 3—8 所示。阶段的走向长度等于井田的走向长度。阶段的倾斜长度根据煤层的倾角和垂高不同，一般为 500～1 000 米。

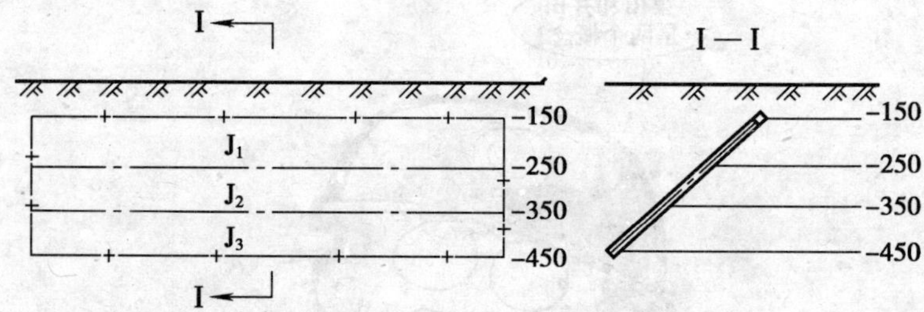

图 3—8　井田划分为阶段

（2）井田划分为盘区。当煤层为接近水平煤层，往往将井田划分为若干个盘区进行开采。划分时，在井田中沿煤层的主要延伸方向布置水平大巷。然后在大巷两侧划分若干个块段开采。每一个块段叫一个盘区，如图 3—9 所示。

二、井田开拓

为了将地下的煤炭开采出来，需要从地面向地下开掘一系列井

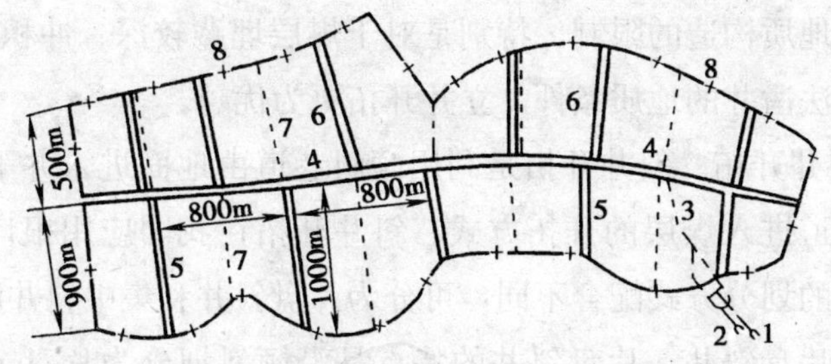

图 3—9 井田划分为盘区示意图

1—主斜井 2—副斜井 3—主要石门 4—主要运输平巷

5、6—盘区运输巷 7—盘区边界 8—井田边界

巷到达煤层，我们把这一系列井巷的布置、开掘叫做井田开拓。根据进入煤层的井硐形式不同，井田开拓可分为立井开拓、斜井开拓、平硐开拓和综合开拓四种，分别介绍如下。

1. 立井开拓。立井开拓是利用一对垂直巷道由地面进入井下，并通过一系列巷道进入煤层的开拓方式，如图 3—10 所示。

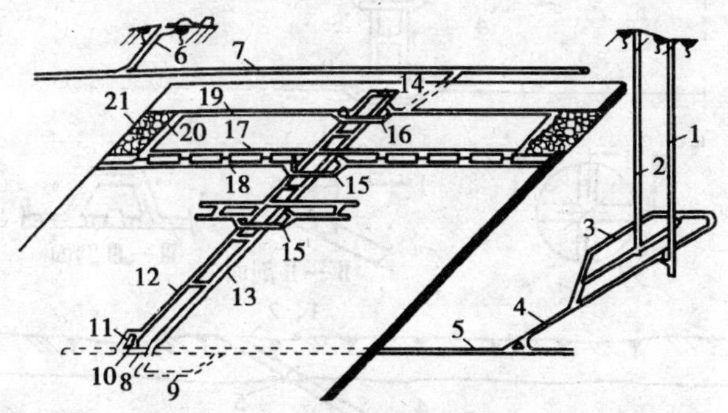

图 3—10 立井单水平分区式开拓示意图

1—主井 2—副井 3—井底车场 4—运输石门 5—运输大巷 6—回风井 7—总回风道

8—采区下部装车站 9—采区下部材料车场 10—采区煤仓 11—人行进风斜巷

12—运输机上山 13—轨道上山 14—上山绞车房 15—采区中部车场 16—采区上部车场

17—运输平巷 18—联络巷 19—回风平巷 20—采煤工作面 21—采空区

立井开拓是我国广泛采用的开拓方式，它的优点是对矿井水文地质条件有广泛的适应性。在立井施工中不受表土、煤层埋深、井

田尺寸和地质构造的限制。特别是对于煤层埋藏较深、冲积层较厚、需要冻结法凿井的地质条件，立井开拓更为优越。

2. 斜井开拓。斜井开拓是利用倾斜巷道由地面进入井下，再开掘系列巷道进入煤层的开拓方式。斜井开拓在我国应用很广，按斜井与井田的划分方式配合不同，可分为片盘斜井和集中斜井两种。

(1) 片盘斜井。片盘斜井的特点是沿倾斜划分为片盘，每个片盘整段回采，沿走向不分采区，从井田边界到井筒连续推采。片盘内煤层的开采能力不大，每一个片盘服务年限不长。所以，片盘斜井一般用于小型煤矿。片盘斜井开拓如图 3—11 所示。

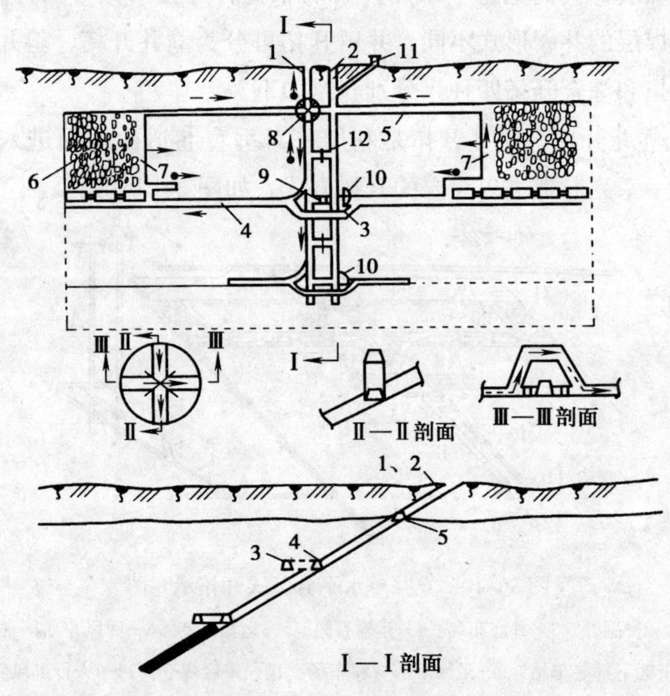

图 3—11　片盘斜井开拓

1—主井　2—副井　3—井底车场　4—运输平巷　5—回风平巷　6—开切眼

7—回采工作面　8—风桥　9—风墙　10—风门　11—通风机房　12—联络巷

→新风流　- -→乏风流　•→煤的运输方向

（2）集中斜井。集中斜井是井田划分为阶段或盘区，建立比较稳定的开采水平后，实行集中生产的斜井开拓方式，如图 3—12 所示。

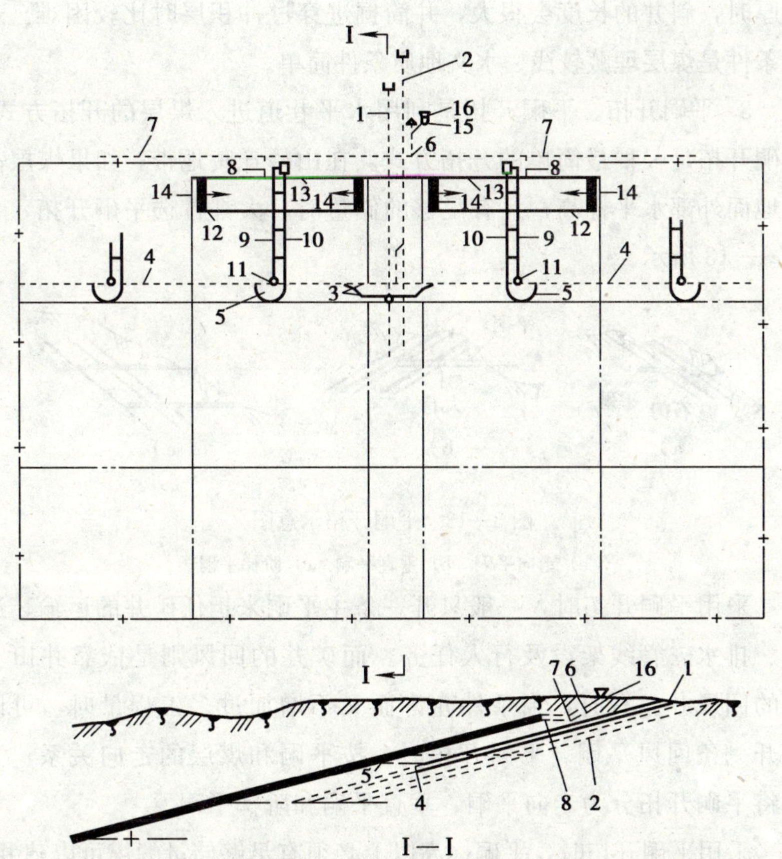

图 3—12　斜井多水平分区式开拓

1—主井　2—副井　3—井底车场　4—阶段运输大巷　5—采区石门　6—回风井　7—阶段回风大巷　8—采区回风石门　9—输送机上山　10—轨道上山　11—采区煤仓　12—区段运输平巷　13—区段回风平巷　14—开切眼　15—风硐　16—主要通风机

斜井开拓的优点是井筒掘进比立井掘进施工简单，掘进速度快，矿井提升设备简单。另外，在主斜井中安装大功率带式输送机后，提升运输能力很大。缺点是如果煤层埋藏很深或井田内表土冲积层很厚时，斜井的长度会很大，井筒掘进穿过冲积层时比较困难。适应条件是煤层埋藏较浅、水文地质条件简单。

3. 平硐开拓。平硐开拓是利用水平巷道进入煤层的开拓方式。平硐开拓是一种最简单的开拓方式。在山岭丘陵地带，如果煤层高于地面外部水平标高，且有足够的储量时，大都首选平硐开拓，如图 3—13 所示。

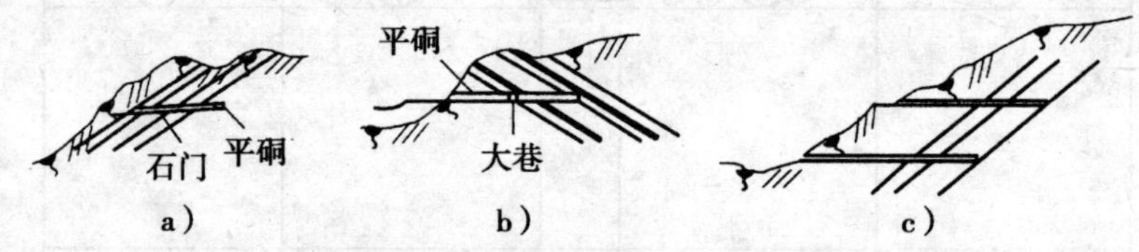

图 3—13　平硐开拓示意图

a）走向平硐　b）垂直平硐　c）阶梯平硐

采用平硐开拓时，一般只开一条主平硐来担任矿井的运输、进风、排水、管线架设及行人任务。而矿井的回风则是依靠井田上部的回风井。有时，当条件允许而又不增加过多工程量时，可以另开一条回风平硐。平硐开拓时，按平硐和煤层的走向关系，又可将平硐开拓分为走向平硐、垂直平硐和阶梯平硐。

采用平硐开拓时，平硐标高以上必须有足够储量的煤可以建井，有能满足布置平硐口和工业广场的地形条件，有修筑公路、铁路、实现外界联系的条件。

4. 综合开拓。采用不同的井筒形式开拓整个井田，叫综合开拓。综合开拓方式，根据主副井筒不同形式有斜井—立井开拓、平硐—立井开拓、平硐—斜井开拓等多种，如图 3—14 至图 3—16 所示。

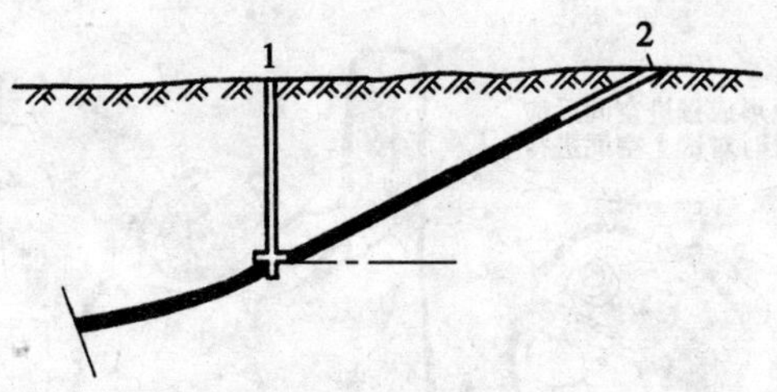

图 3—14　立井—斜井综合开拓示意图

1—立井　2—斜井

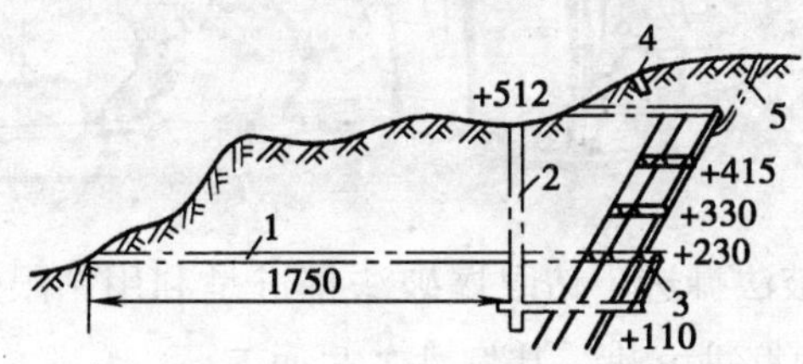

图 3—15　平硐—立井综合开拓示意图

1—主平硐　2—副立井　3—暗斜井

4—回风小平硐　5—回风小斜井

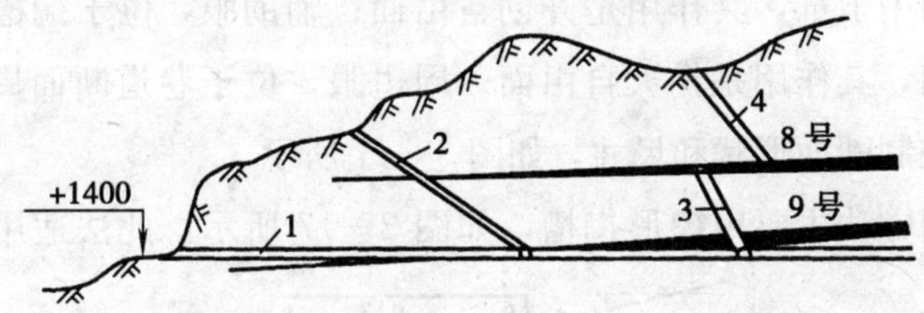

图 3—16　平硐—斜井综合开拓示意图

1—主平硐　2—副斜井　3—暗斜井　4—回风井

三、巷道掘进与支护

要实现从地面通达煤体的目的，采用一定的破岩方法，形成掘进空间，再及时对这个空间进行支护，这一系列工作称为巷道掘进。在巷道掘进中，破碎岩石是一道主要的工序，破碎岩石主要的方法有两种，钻眼爆破和掘进机破岩。

1. 钻眼爆破法掘进。钻眼爆破法掘进是利用钻眼爆破的方式将岩石破碎下来的掘进方法。其掘进工艺如下：

（1）钻眼放炮：

1）掘进工作面炮眼布置。掘进工作面炮眼分为：掏槽眼，位于巷道断面中下部，其作用是开创自由面；辅助眼，位于掏槽眼与周边眼之间，其作用是扩大自由面；周边眼，位于巷道断面周边，其作用是控制断面形状和尺寸，如图 3—17 所示。

掏槽方法主要用楔形掏槽，如图 3—17 所示。此法适用于各种

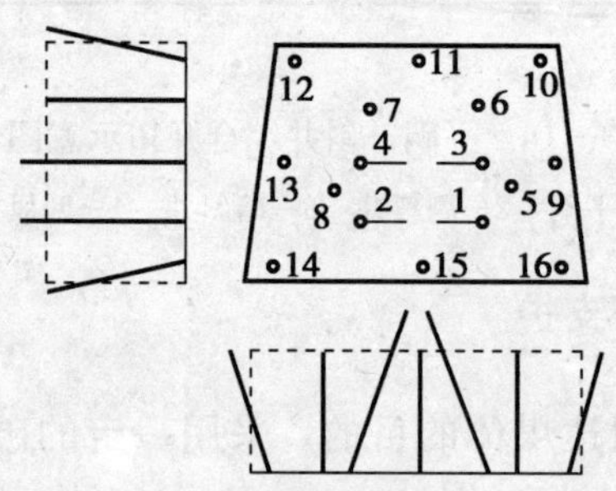

图 3—17　掘进工作面炮眼布置图

1～4—掏槽眼　5～8—辅助眼　9～16—周边眼

煤岩层中，是现场应用最多的一种掏槽方法。此外，还有锥形、单斜、角柱、螺旋等掏槽方法。

2）钻眼爆破。为了爆破岩石，必须在岩石中钻出炮眼。要根据岩石的硬度决定钻眼机具。一般在煤层中用煤电钻打眼，在岩层中可采用岩石电钻、凿岩机、凿岩台车、液压钻车和钻装机等机械。为了保证钻眼工作顺利进行，在钻眼前，首先要对作业场所进行安全检查，敲帮问顶，防止发生顶板事故。然后对钻具进行检查，煤电钻及岩石电钻要检查其防爆性能，不能失爆，还要检查电缆是否破皮漏电。风动及液压钻具要检查风路、油路及水路是否完好。要坚持湿式凿岩，杜绝打干眼。钻眼时，钻具前面不能站人。不能套残眼，防止意外爆炸事故。打眼过程中要密切观察钻孔中的排粉情况，如发现炮眼出水、空洞、冒烟等意外现象时，要立即停止打眼，但不能拔出钻杆。对于倾斜巷道向上方打眼时，如果巷道倾角大于25°时，打眼人员后方要设挡板，防止人员滑倒受伤。工作面打眼时不允许装药，以防意外爆炸。

掘进工作面炮眼打完后，就可以装药放炮。

（2）装岩。掘进工作面炮烟排除后，才能进入工作面。首先对放炮后的顶板及支架进行安全检查，敲帮问顶、处理活石后，才能开始装岩工作。钻爆法掘进工作面一般都使用机械装岩。装岩机械有耙斗装岩机、铲斗装岩机和装煤机等。

2. 综合机械化掘进。掘进机破岩是在掘进工作面采用了综掘机掘进，实现了破岩、装岩及运输的机械化。综掘机有煤巷掘进机和岩巷掘进机两类。目前，煤巷掘进机在我国各大矿区广泛应用。ELM 型煤巷掘进机如图 3—18 所示。

（1）综掘工艺：

1）破岩。综掘机在工作面破岩是依靠镶有截齿的截割头转动来

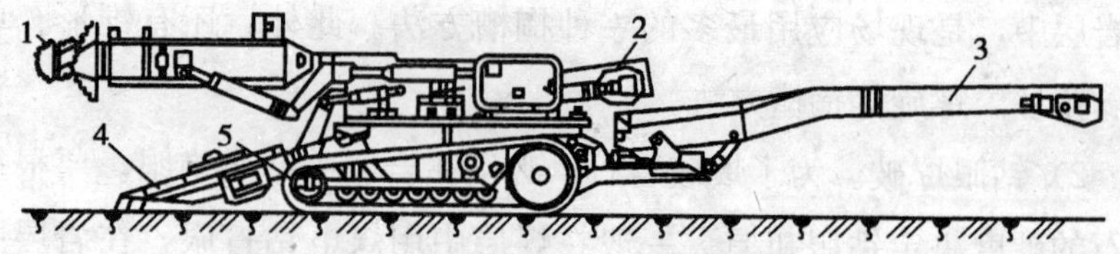

图 3—18 ELM 型液压传动截杆式煤巷掘进机

1—截割头 2—链板输送机 3—胶带输送机 4—耙爪 5—履带

完成的。截割头和截割臂连为一体。截割臂由液压缸控制，可在工作面左右、上下移动，在掘进司机的操作下，按设计截割出指定形状尺寸的巷道。

2）装岩及运输。煤岩被截割下来以后，靠掘进机下部的耙爪，不断地把煤耙入掘进机的刮板输送机内，转运到后面的胶带输送机上运出工作面。

3）掘进机的行走机构。掘进机为履带行走机构，在掘进中，由司机操作自行向前移动。

（2）综合机械化掘进中的安全注意事项。为了综掘机的安全运行，防止事故发生，综掘机司机必须经专门培训、考试合格后持证上岗。在工作中，必须严格执行《煤矿安全规程》和《操作规程》。无证人员不能开动掘进机。开动掘进机前，必须发出警报。只有在铲板前方和截割臂附近无人时，方可开动掘进机。当综掘机发出启动信号后人员要远离综掘机，决不能在综掘机前方停留，防止事故发生。综掘机作业时，应使用内、外喷雾装置，其压力必须符合《煤矿安全规程》第七十一条的要求。

综掘机停止工作和检修以及交班时，必须将截割头落地，并断开掘进机上的电源开关和磁力启动器的隔离开关。

检修掘进机时，严禁其他人在截割臂和转载桥下停留或工作。

四、巷道支护

巷道开掘以后，必须及时进行支护以控制顶板。巷道的支护形式有以下几种：

1. 砌碹支护。砌碹支护的材料有料石、砖及混凝土等，具有防水、防火、耐腐蚀、壁面光滑、通风阻力小等优点。砌碹支护一般用于服务年限较长的开拓巷道及主要硐室，如图 3—19 所示。

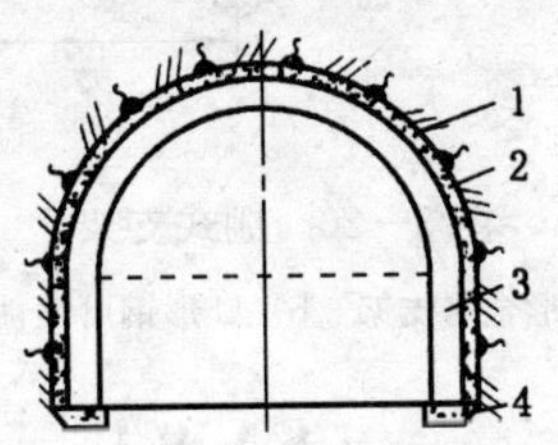

图 3—19　石料拱形支架

1—拱　2—充填带　3—墙　4—基础

2. 棚式支护。棚式支护是煤矿准备巷道和回采巷道常见的支护形式。架棚材料有木材、钢筋混凝土、工字钢及 U 形钢。架棚的形式是梯形棚和拱形棚等。其中，U 形钢可缩性拱形棚使用最广泛。棚式支护如图 3—20 所示。

3. 锚杆支护。锚杆支护是我国井下巷道支护的发展方向，是我国煤矿采用最多的支护形式。其优点是支护成本低廉、效果良好，速度快，加之和锚杆配套的支护方式的应用更加表现出极大的优越性。

目前在我国煤矿井下使用的锚杆有木锚杆、竹锚杆、钢丝绳锚杆、金属管缝式锚杆、钢筋锚杆、玻璃钢锚杆、锚索等。

锚杆支护的配套形式有锚喷支护、锚网支护、锚网喷支护、锚梁支护、锚索支护、锚杆钢带支护等。这些配合形式的应用更加拓宽了锚杆支护的使用范围。锚杆支护如图 3—21 所示。

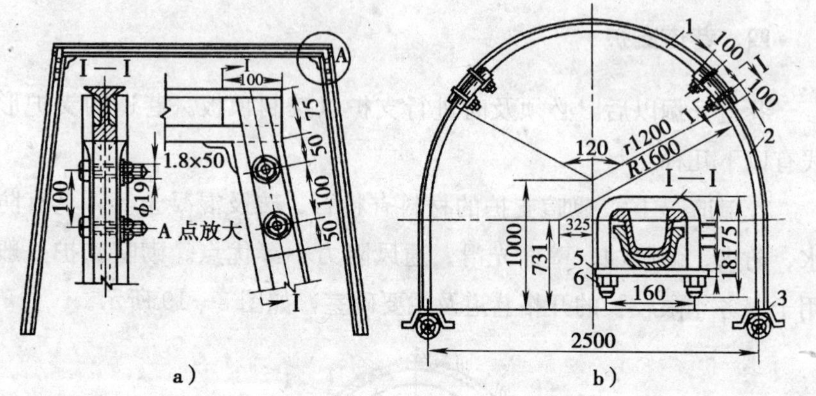

图 3—20　棚式支架

a）梯形金属支架　b）U 形钢可缩性支架

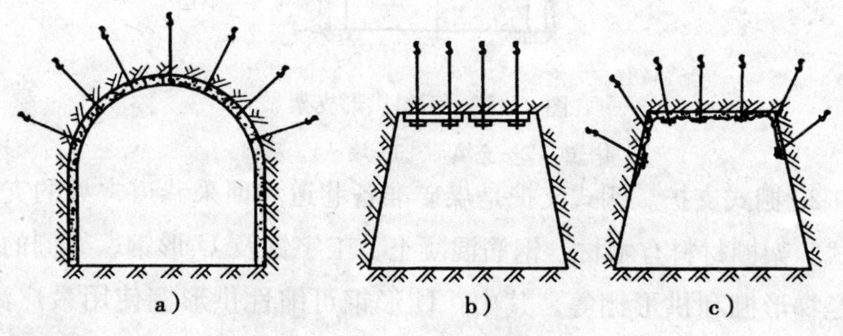

图 3—21　锚杆支护

a）锚喷支护　b）锚梁支护　c）锚网支护

4．巷道支护安全规定。掘进工作面严禁空顶作业，靠近工作面 10 米内的支护，在爆破前必须加固。爆破崩倒、崩坏的支架必须先修复，之后方可进入工作面作业。修复支架时必须先检查顶、帮，并由外向里逐架进行。

在松软的煤、岩层或流沙地层中或地质破碎带掘进巷道时，必须采取前探支护或其他措施。

支架间应设牢固的撑木或拉杆。可缩性金属支架应用金属支拉杆，并用机械或力矩扳手拧紧卡缆。支架与顶帮之间的空隙必须塞

紧、背实。巷道砌暄时，暄体与顶帮之间必须用不燃物充满填实；巷道冒顶空顶部分，可用支护材料接顶，但在暄拱上部必须充填不燃物垫层，其厚度不得小于0.5米。

更换巷道支护时，在拆除原有支护前，应先加固临近支护。拆除原有支护后，必须及时除掉顶帮活动岩石和架设永久支护，必要时还应采取临时支护措施。在倾斜巷道中，必须有防止矸石、物料滚落和支架歪倒的安全措施。

采用锚杆、锚喷等支护形式时，应遵守下列规定：

(1) 锚杆、锚喷等支护的端头与掘进工作面的距离，锚杆的形式、规格、安装角度，混凝土标号、喷体厚度，挂网所采用金属网的规格以及围岩涌水的处理等，必须符合施工组织设计或作业规程中的规定。

(2) 采用钻爆法掘进的岩石巷道，必须采用光面爆破。

(3) 打锚杆眼前，必须首先敲帮问顶，将活石处理掉，在确保安全的条件下方可作业。

(4) 使用锚固剂固定锚杆时，应将孔壁冲洗干净，砂浆锚杆必须灌满填实。

(5) 软岩使用锚杆支护时，必须全长锚固。

(6) 采用人工上料喷射机喷射混凝土、砂浆时，必须采用潮料，并使用除尘机对上料口、余气口除尘。喷射前，必须冲洗岩帮。喷射后应有养护措施。

(7) 锚杆必须用机械或力矩扳手拧紧，确保锚杆的托板紧贴巷壁。

第三节 采煤方法

采煤方法包括两方面内容：采煤系统和回采工艺。采煤系统是指采区巷道的布置方式，掘进和回采工作的顺序安排以及采区的通风、运输系统；回采工艺是指人们根据煤层赋存条件在采煤工作面运用某种技术装备进行落煤、装煤、运煤、支护及采空区处理等工作，以及这些工作如何配合的生产方式。不同的采煤系统和回采工艺相配合，就形成了不同的采煤方法。

一、采区巷道布置

1. 缓倾斜、倾斜及中厚煤层长壁采煤法的巷道布置：

(1) 走向长壁采煤法的巷道布置。图 3—22 所示为单一煤层走向长壁采煤法的采区巷道布置。两条上山位于采区中央，形成双翼采区，采煤工作面沿倾斜方向布置，沿走向推进。

掘进时，由采区运输石门开掘采区下部车场，在采区中央沿煤层掘进运输上山和轨道上山，掘至采区上部边界后掘采区上部车场与区段回风平巷相通。然后在第一区段下部掘中部车场，向采区两翼掘区段平巷；在采空区边界由区段运输平巷沿煤层掘开切眼与区段回风平巷相通，与此同时，开拓各种硐室，安装机械设备，形成完善的生产系统后即可开始回采。

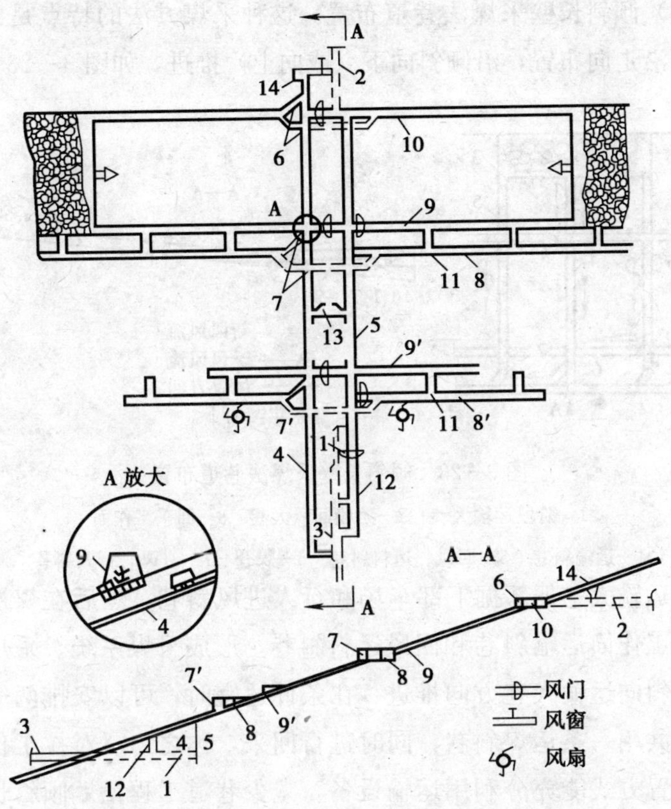

图 3—22 走向长壁采煤法巷道布置

1—采区石门 2—采区回风石门 3—采区下部车场
4—轨道上山 5—运输机上山 6—上部车场 7、7′—中部车场
8、8′—区段回风平巷 9、9′—区段运输平巷 10—上区段回风平巷
11—联络巷 12—采区煤仓 13—采区变电所 14—绞车房

上述是单一煤层中的巷道布置系统，在许多情况下是将相距较近的若干煤层联合开采，共用采区巷道，即利用一组采区上山开采两个或更多的近距离煤层群，建立一个统一的生产系统，这种采区巷道联合布置可以节省许多巷道和设备，生产集中，获得更大的生产能力，在煤矿生产中得到较为广泛的应用。

(2) 倾斜长壁采煤法巷道布置。这种采煤方法的特点是：采煤工作面沿走向布置，沿倾斜向下（或向上）推进，如图 3—23 所示。

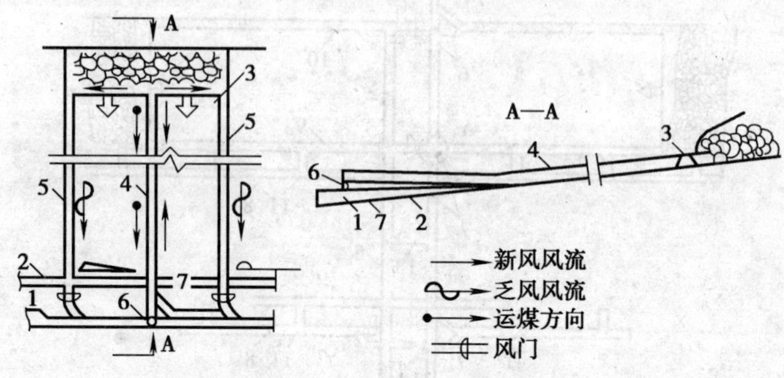

图 3—23 倾斜长壁采煤法巷道布置

1—阶段运输大巷 2—阶段回风大巷 3—回采工作面
4—运输斜巷 5—回风、运料斜巷 6—煤仓 7—进风、行人斜巷

自运输大巷下部掘下部车场和行人进风斜巷，然后在煤层中沿倾斜掘工作面运输斜巷和回风运料斜巷，形成采煤系统。采煤工作面沿倾斜向运输大巷方向推进。在条件适宜时，可以安排两个采煤工作面共用一条运煤斜巷，同时进行回采，称之为“对拉工作面”，这种布置方式能充分利用运输设备，减少巷道工程量。倾斜长壁采煤法的巷道布置简单，巷道工程量少，生产系统简单，环节少。存在的问题是：倾斜巷道掘进行人、运输比较困难，现在的回采机械设备不完全适应倾斜长壁采煤法的开采要求。所以，这种采煤法只适用于煤层倾角在 12°以内、厚度不大的煤层。

2. 缓倾斜、倾斜厚煤层采煤法的巷道布置。开采煤层厚度大于 3.5 米的厚煤层，目前我国多采用放顶煤和倾斜分层下行垮落采煤法。

(1) 放顶煤采煤法，是沿煤层的底板或煤层某一厚度范围内的底板布置一个采煤工作面，利用矿山压力将工作面顶部煤层在工作面推进过后破碎冒落，并将冒落顶煤予以回收的一种采煤方法。

放顶煤采煤法可分为：预采顶分层放顶煤采煤法、预采中分层放顶煤采煤法、整层开采放顶煤采煤法和分段放顶煤采煤法。放顶煤采煤法适用于煤层厚度为 5～20 米或更厚的煤层；煤层倾角由缓倾斜到倾斜或急倾斜厚煤层；煤质比较松软易垮落，冒落块度不大的煤层。采用放顶煤采煤法开采时，必须遵守国家安全生产监督管理总局 2006 年第 10 号令：关于修改《煤矿安全规程》第六十八条的决定。

（2）倾斜分层下行垮落采煤法巷道布置如图 3—24 所示。

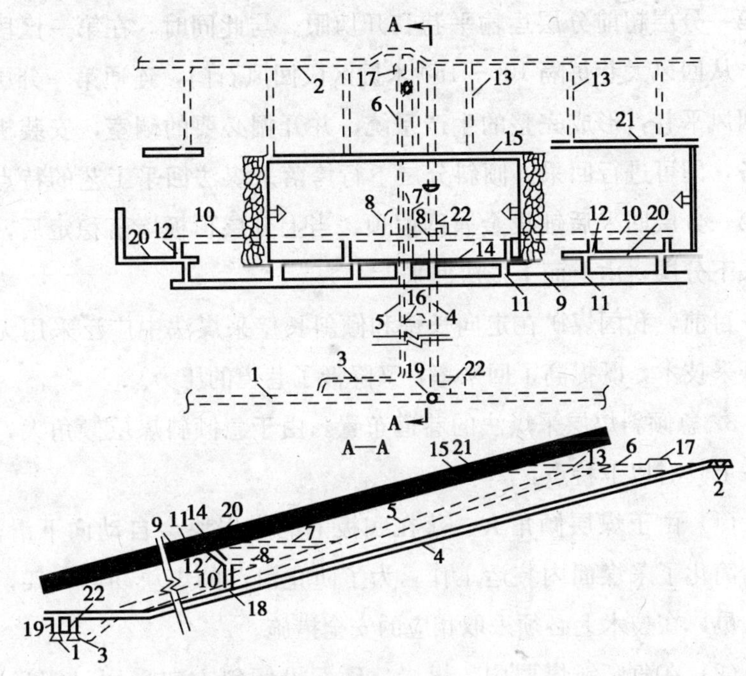

图 3—24　倾斜分层下行垮落采煤法巷道布置

1—阶段运输大巷　2—阶段回风大巷　3—下部车场　4—运输机上山　5—轨道上山　6—上部场　7、8—区段石门　9—区段集中轨道平巷　10—区段集中运输平巷　11—联络眼　12—斜溜煤眼　13—区段回风石门　14—第一分层超前运输平巷　15—第一分层回风平巷　16—采区变电所　17—绞车房　18—区段溜煤眼　19—采区煤仓　20—第二分层运输平巷　21—第二分层回风平巷　22—行人道采区巷道掘进程序是：由阶段运输大巷掘下部车场、采区煤仓和行人巷，然后在采区中部底板岩层中分别向上掘运输机上山和轨道上山，至采区上部边界后，轨道上山以平车场与阶段回风大巷相通。在第一区段下部，由轨道上山掘甩车道和区段石门，再由此向两翼分别在底板岩层中掘进区段集中运输巷和沿顶分层掘进区段集中轨道平巷，并每隔一定距离掘斜溜煤眼和联络眼，掘至采区边界，掘第一分层超前分层运输平巷和开切眼。与此同时，在第一区段上部，从回风大巷每隔 100～150 米掘区段回风石门，连通第一分层超前回风平巷，形成完整的生产系统，并开掘必要的硐室，安装机械设备，即可进行回采。倾斜分层下行垮落采煤法回采工艺的特点是在第一分层回采后铺设金属网假顶，当上分层顶板垮落稳定后，再开采下分层，由上而下依次回采。

目前，我国煤矿在走向长壁和倾斜长壁采煤法中广泛采用无煤柱开采技术，既提高了回采率，又降低了巷道的压力。

3. 急倾斜煤层采煤法的巷道布置。由于急倾斜煤层倾角大，在开采上具有以下特点：

(1) 由于煤层倾角大，落在底板上的煤岩块会自动向下滑落，从而简化了采煤面内装运工作。为了防止滑落的煤块冲倒支架，砸伤人员，在技术上必须采取相应的安全措施。

(2) 在急倾斜煤层中，煤炭、矸石沿倾斜方向采用自溜运输，在采区中可开掘采区溜煤眼以代替缓倾斜煤层中的运输上山。但采煤工作面运输材料及行人较困难。

由于煤层倾角大，沿走向留设的煤柱容易片帮垮落，使得采空区上方布置的煤层平巷维护困难。因此，阶段平巷一般均布置在底板岩石或底板不可采的煤层中，通过采区石门与煤层联系。采煤工作面皆由采区边界向采区石门（或采区溜煤眼）方向推进，为了减少采区石门、采区上山眼的开掘费，在急倾斜煤层中双面采区布置应用极为广泛。

(3) 开采急倾斜煤层，多采用立井多水平开拓方式。由于受到技术上的限制，其水平垂高一般为 100～150 米。因此，在采区内沿煤层倾斜一般只能布置 2～3 个区段。

(4) 急倾斜煤层开采中，不仅需要控制顶板，而且底板也需要控制。

(5) 由于煤层倾角大，现有的采煤机械及液压支柱稳定性问题尚未解决，实现机械化开采困难。

采区巷道布置有两种主要方式：当采区只采一个煤层或煤层间距较大，各煤层分层布置采区巷道，称之为单层布置采区；当采区由几个煤层共用一些采区巷道（如采区上山及区段集中运输平巷等）时，称为煤层群联合布置采区。图 3—25 所示为单煤层布置的采区巷道系统。

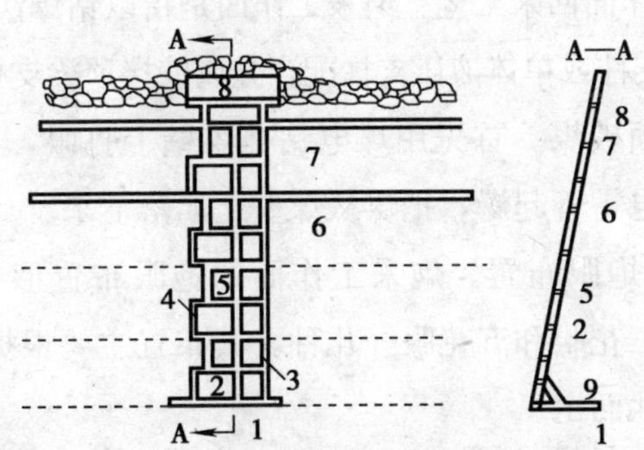

图 3—25　急倾斜采区上山眼布置示意图

1—采区运输石门　2—采区溜煤眼　3—运料眼　4—行人眼　5—联络巷　6—区段运输平巷　7—区段回风平巷　8—采区回风石门　9—采区煤仓

采区运输石门和回风石门位于采区中央，进入煤层后，由采区下部沿煤层向上开掘采区溜煤眼、运料眼和行人眼，各眼相距 10～15 米，直至采区上部边界与采区回风石门相通，为保证行人安全，通风和运输方便，在上山眼之间每隔 10～15 米开一条联络平巷。在第一区段位置上从上山眼向采区两翼开掘区段运输平巷和区段回风平巷，至采区边界时掘通开切眼，可根据采用的采煤方法而不同。检查巷道、硐室及机电设备都完备齐全时即可移交生产。

煤层群联合布置的巷道系统，是将采区的溜煤眼、运输眼和行人眼布置在最后一层煤中，各煤层内单独布置区段平巷，各煤层区段平巷通过区段石门相互联系并与三条上山眼相通。采区内多采用后退式采煤，上层煤采煤工作面超前于下层煤采煤工作面。

二、回采工艺

长壁式采煤工作面的回采工艺包括工作面破煤、装煤、运煤、支护及采空区处理五大项内容。由于工作面落煤方式不同，回采工艺也有所区别，主要有以下几种：

1. 炮采工作面回采工艺。炮采工作面是指以钻爆法落煤、人工装煤、金属摩擦支柱或单体液压支柱配合金属铰接顶梁支护的工作面。

(1) 工作面破煤。首先用煤电钻在煤壁上打眼，然后用安全炸药及煤矿许用电雷管起爆，把煤从煤壁上崩落下来。

1) 工作面炮眼布置。炮采工作面的炮眼布置形式一般有单排眼、平行眼、三花眼和五花眼等几种。其布置主要根据煤层的采高、硬度及顶板岩性而定。

2) 装药放炮。炮眼装药结构有两种：一种叫正向装药，用于有瓦斯煤尘爆炸条件下；另一种叫反向装药，一般在没有瓦斯煤尘爆炸条件下才可使用。装药完成后，就可以进行连线，一般都采用串联方式。连线完成后，将人员撤入安全地点，设好放炮警戒便可以放炮了。放炮后煤就被崩下来，完成了落煤工序。

(2) 装煤。放炮落煤后，就可以进行装煤了。人工装煤前必须

首先检查放炮后的顶板及支架，进行敲帮问顶，然后控制顶板，才能开始装煤。装煤中要随时注意煤帮、顶板，防止片帮、掉矸伤人。

（3）运煤。炮采工作面运煤实现了机械化，即依靠铺设在工作面机道上的可弯曲刮板输送机将煤运入顺槽转载机后经胶带输送机运出工作面。

（4）支护。炮采工作面的基本支架，目前主要是单体支柱配合金属铰接顶梁支护顶板。

（5）采空区处理。为了保证工作面安全生产，工作面达到最大控顶距后，必须及时对采空区后方的顶板进行处理。采空区处理方法根据煤层开采条件一般有三种，即全部垮落法、充填法、缓慢下沉法。采用最多的是全部垮落法。

2. 普通机械化采煤工作面回采工艺。炮采工作面采用人工落煤和装煤，劳动强度大，效率低。当煤层条件具备时，可以采用普通机械化采煤，即在工作面装备单、双滚筒采煤机、可弯曲刮板输送机及单体液压支柱配合金属铰接顶梁支护的工作面。工作面破煤、装煤、运煤基本实现机械化，而支护和采空区处理还是人工进行的。

（1）破煤。使用滚筒采煤机完成破煤。采煤机在运行中，安装

在摇臂上的滚筒不停旋转，利用截齿将煤截割下来。为了有利于工作面顶板管理，在单滚筒采煤机割煤中可以采用倒 8 字形割煤法。在工作上、下缺口处，需打眼放炮人工开缺口。

(2) 装煤。普通机械化采煤工作面装煤是依靠采煤机滚筒上的螺旋叶片和挡煤板配合，在滚筒割煤的同时将煤推入溜槽的。少量遗煤，在推移输送机时利用铲煤板装入溜槽。

(3) 运煤。依靠采煤机滚筒截割下的落煤，用铺设在工作面的可弯曲刮板输送机运至顺槽转载机和胶带输送机运出。

(4) 支护。普通机械化采煤工作面支护是利用 DZ 型单体液压支柱配合 HDJA 型铰接顶梁支护的。支柱及顶梁的布置方式分齐梁式和错梁式两种，如图 3—26 所示。

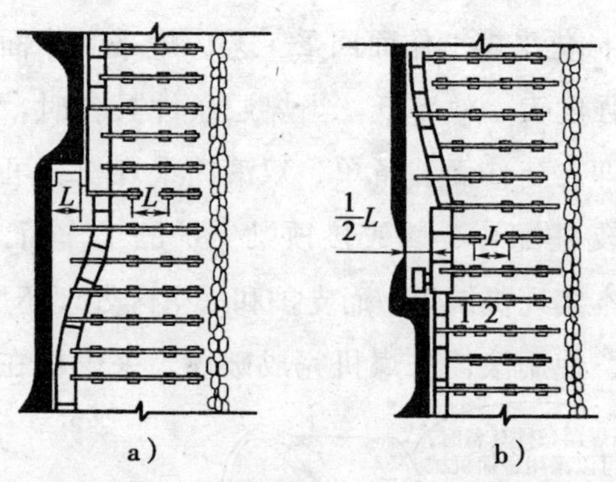

图 3—26　支架齐梁式与错梁式布置

a) 齐梁直线柱式布置　b) 错梁直线柱式布置

1—临时柱　2—正式柱

(5) 采空区处理。一般使用全部垮落法，即在工作达到最大控顶距后回收放顶线 1～2 排支柱，使顶板自然垮落。

3. 综合机械化采煤工作面回采工艺。综合机械化采煤工作面实现了破、装、运、支、护及采空区处理回采全部工序的机械化，在工作面配备了大功率的双滚筒采煤机、大功率的可弯曲刮板输送机、

液压自移支架及转载机、可伸缩胶带输送机。

采煤机首先由工作面下顺槽处完成斜切进刀割入煤壁后，开始向上割煤。割煤同时滚筒上的螺旋叶片和挡煤板配合将煤装入工作溜槽中运出。在采煤机割煤至规定距离后，及时将液压支架拉架前移，最后以液压支架为支点推移重型可弯曲刮板输送机，支架后方的顶板在拉架中自然垮落。

4. 综采放顶煤回采工艺简介。综采放顶煤技术是我国近十多年来发展起来的针对厚煤层开采的一项新技术。这项技术的运用改变了原先对厚煤层进行分层开采所存在的巷道工程量大，假顶下顶板管理困难等许多缺点，在厚煤层开采中取得了很好的经济效益。

综采放顶煤技术的关键在于采用了放顶煤支架。这种支架后方有一个可以打开和关闭的放煤窗口。当工作面支架前移后，其上部顶煤会自然垮落，堆积在支架掩护梁下方。放顶煤时只需打开放煤窗口，顶煤会落入工作面后部刮板输送机溜槽中，运出工作面。顶煤放完后，立即关闭放煤窗口，防止矸石窜入工作面。如图 3—27 所示。

5. 急倾斜煤层采煤工作面回采工艺。急倾斜煤层的采煤方法很多，比较常用的有倒台阶采煤法、水平分层采煤法、斜切分层采煤法、伪倾斜柔性掩护支架采煤法等。其采煤工艺过程如下：

（1）水平分层采煤工作面的采煤工艺。水平分层采煤工作面的采煤工艺有落煤、装煤、支护、铺设人工假顶和采空区处理等，其布置如图 3—28 所示。

1）落煤。一般多采用爆破或风镐落煤。当采用爆破落煤时，可根据煤质的软硬、采高，采用单排眼或双排眼布置，其炮眼深度一般为 1.2～1.5 米。

2）装煤。采落的煤用人工装入溜煤眼中，若煤层厚度大，可把分层平巷和溜煤眼布置在煤层中间，以减少装煤距离。

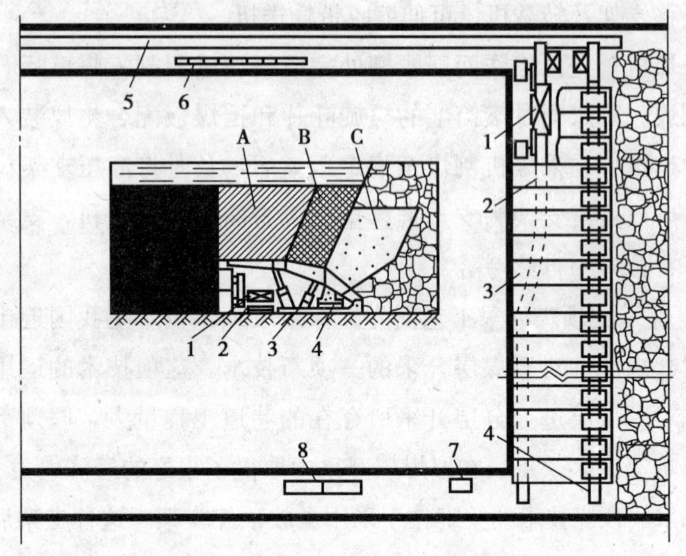

图 3—27　综采放顶煤工作面布置图

1—采煤机　2—前输送机　3—液压支架　4—后输送机

5—带式输送机　6—配电设备　7—绞车　8—泵站

A—不充分裂碎煤体　B—较充分裂碎煤体　C—裂碎煤体

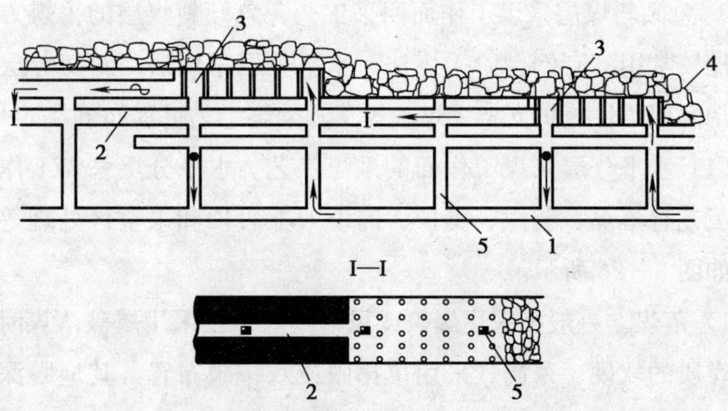

图 3—28　水平分层回采工作面布置图

1—区段运输平巷　2—分层平巷　3—回采工作面　4—人工假顶　5—溜煤眼

3）支护。一般采用金属支柱、液压支柱或木支柱。采用木支柱时，棚梁一般平行于工作面布置，采用金属支柱或液压支柱时，顶梁多垂直于工作面布置，采用5～7排控顶管理顶板。

4）铺设人工假顶。用以隔离上分层采空区的假顶应于上分层回采时铺设。当采用金属网假顶时，可以采用预挂顶网的办法，即在工作面落煤后架设支架前，将金属网平行工作面展开，贴顶铺设，然后在网下架设支架。回柱放顶后，金属网随之落在煤底上，便可供下分层采煤时使用。

5）采空区处理。一般均使用全部垮落法处理采空区。由于工作面短，各分层均在上分层开采后落的碎石下工作。因此，采用无密集柱放顶，但为了保证作业安全，可架设若干木支柱，并随工作面推进随架随拆。

（2）斜切分层采煤工作面采煤工艺。为了克服水平分层采煤工作面的装煤，工作面通风及随着煤层厚度增加而日益困难的特点，于是便出现了斜切分层采煤法。

斜切分层采煤法的采煤工艺基本与水平分层采煤法相同，其差别只在于：斜切分层采煤法在每个分层内，沿煤层底板和顶板各开掘一条分层平巷，但顶板分层平巷是超前采煤工作面而掘进的，并且每隔两个区段溜煤眼的距离就要开掘一条斜煤门相连通。工作面采下的煤，沿工作面自溜，用人工装入溜煤眼，由区段运输平巷中刮板输送机运至采区溜煤上山，由采区运输石门运出。

水平分层采煤法仅适宜于厚度大于2米的急倾斜煤层，斜切分层采煤法适用于更厚的急倾斜煤层。

（3）伪倾斜柔性掩护支架采煤法。伪倾斜柔性掩护支架采煤法具有走向长壁采煤法的某些特点。采煤工作面是直线形，按伪倾斜方向布置，沿走向推进，用柔性掩护支架隔离采空区。如图3—29所示。

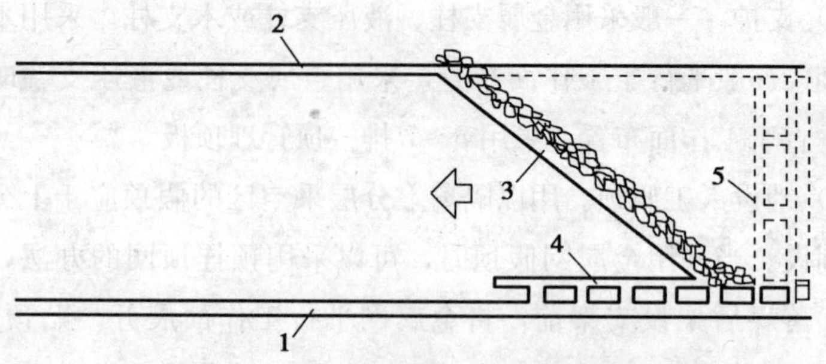

图 3—29　伪斜柔性掩护支架采煤工作面布置

1—工作面进风巷　2—工作面回风巷

3—工作面　4—溜煤眼　5—开切眼

区段高度一般为 30 米左右。煤层沿倾斜赋存稳定、构造简单时，也可以加大到 40～60 米。在区段范围内，区段运输平巷和回风平巷掘到边界后，距采区边界 5 米处掘进开切眼。开切眼一般应开两条，相距 5～8 米，并沿倾斜每隔 10～15 米用联络平巷贯通。

利用这两条开切眼逐步把水平铺设的掩护支架下放到与水平面成 25°～30°伪倾斜位置，即形成了伪倾斜采煤工作面。

正常采煤过程中，不断地在回风平巷中接长支架，同时在工作面下端掩护支架放平地点拆除一段架体。当工作面推进到采区上山眼附近时，在该处开掘一对收作眼，逐步将掩护支架下放成水平位置，然后全部回收。

掩护支架下采煤包括打眼、装药、爆破、铺溜槽出煤及调整支架等项工作。

工作面爆破之后，自下而上铺设溜槽，煤自溜到下部运输平巷中。随着出煤，应随时注意调整掩护支架，使之下落到预定位置。在工作面下端掩护支架放平处，要将巷道断面扩大，露出钢梁两端，并应及时打上点柱托住钢梁，使支架下保持有 1.2 米以上的高度，以便于拆架时进行操作。

伪倾斜柔性掩护支架采煤法将工作面倾角变缓，工作面较长，从而具有缓倾斜、倾斜煤层走向长壁采煤法巷道布置和生产系统简单、掘进率低的一系列优点。由于掩护支架把工作空间与采空区隔开，还简化了顶板管理工作。

6. 回采安全有关规定：

（1）采煤工作面的伞檐不得超过作业规程的规定，不得任意丢失顶煤和底煤。工作面的浮煤应清理干净。支架、输送机和充填垛都应保持直线。

（2）台阶采煤工作面必须设置安全脚手板、护身板和溜煤板。倒台阶采煤工作面，还必须在台阶的底脚加设保护台板。阶檐的宽度、台阶面长度和下部超前小眼的个数，必须在作业规程中规定。

（3）采煤工作面严禁使用折损的坑木、损坏的金属顶梁、失效的摩擦式金属支柱和失效的单体液压支柱。在同一采煤工作面中，不得使用不同类型和不同性能的支柱。在地质条件复杂的采煤工作面中必须使用不同类型的支柱时，必须制定安全措施。

（4）采煤工作面必须按作业规程的规定及时支护，严禁空顶作业。所有支架必须架设牢固，并有防倒柱措施。严禁在浮煤或浮矸上架设支架。使用摩擦式金属支柱时，必须使用液压升柱器架设，初撑力不得小于 50 千牛；单体液压支柱的初撑力，柱径为 100 毫米的不得小于 90 千牛，柱径为 80 毫米的不得小于 60 千牛。对于软岩条件下初撑力确实达不到要求的，在制定措施、满足安全的条件下，必须经企业技术负责人审批。严禁在控顶区域内提前摘柱。碰倒或损坏、失效的支柱，必须立即恢复或更换。移动输送机机头、机尾需要拆除附近的支架时，必须先架好临时支架。

（5）采煤工作面遇顶底板松软或破碎、过断层、过老空、过煤柱或冒顶区以及托伪顶开采时，必须制定安全措施。

(6) 开工前，班组长必须对工作面安全情况进行全面检查，确认无危险后，方准人员进入工作面。

(7) 采煤工作面必须及时回柱放顶或充填，控顶距离超过作业规程规定时，禁止采煤。用垮落法控制顶板，回柱后顶板不垮落、悬顶距离超过作业规程的规定时，必须停止采煤，采取人工强制放顶或其他措施进行处理。

(8) 用垮落法控制顶板时，回柱放顶的方法和安全措施，放顶与爆破、机械落煤等工序平行作业的安全距离，放顶区内支架、木柱、木垛的回收方法，必须在作业规程中明确规定。

（9）采煤工作面初次放顶及收尾时，必须制定安全措施。放顶人员必须站在支架完整、无崩绳、崩柱、甩钩、断绳抽人等危险的安全地点工作。回柱放顶前，必须对放顶的安全工作进行全面检查，清理好退路。回柱放顶时，必须指定有经验的人员观察顶板。

（10）采煤工作面采用密集支柱切顶时，两段密集支柱之间必须留有宽 0.5 米以上的出口，出口间的距离和新密集支柱超前的距离必须符合作业规程中的规定。采煤工作面采用无密集支柱切顶时，必须有防止工作面冒顶和矸石窜出伤人的措施。

（11）采用人工假顶分层垮落法开采的采煤工作面，人工假顶必须铺设好，搭接严密；采用金属网或矿用塑料网假顶时，必须把网连接好。确认垮落的顶板岩石能够胶结形成再生顶板时，可不铺设人工假顶。

（12）采用分层垮落法开采时，必须向采空区注水或注浆。

（13）采用综合机械化采煤时，工作面煤壁、刮板输送机和支架都必须保持直线。支架间的煤、矸必须清理干净。倾角大于 15°时，液压支架必须采取防倒、防滑措施。倾角大于 25°时，必须有防止煤（矸）窜出刮板输送机伤人的措施。液压支柱必须接顶。顶板破碎时必须超前支护。在处理液压支柱上方冒顶时，必须制定安全措施。

采煤机采煤时必须及时移架。采煤与移架之间的悬顶距离，应根据顶板的具体情况在作业规程中明确规定；超过规定距离或发生冒顶、片帮时，必须停止采煤。

严格控制采高，严禁采高大于支柱的最大支护高度。当煤层变薄时，采高不得小于支柱的最小支护高度。当采高超过 3 米或片帮严重时，液压支柱必须有护帮板，防止片帮伤人。

工作面两端必须使用端头支架或增设其他形式的支护。工作面转载机安有破碎机时，必须有安全防护装置。处理倒架、歪架、压架以及更换支架和拆修顶梁、支柱、座箱等大型部件时，必须有安全措施。

工作面爆破时，必须有保护液压支架和其他设备的安全措施。

（14）采用放顶煤采煤法开采时，如果大块煤（矸）卡住放煤口时，严禁爆破处理；有瓦斯或煤尘爆炸危险时，严禁挑顶煤爆破作业。

第四节　矿山提升安全知识

矿山提升系统，一般指矿山井筒提升系统（也包括地面矸石山提升系统），它是矿山的地面与井下之间、井下各水平之间的连接通道，负责提升煤炭、矸石，升降人员、设备和物料。矿山提升系统一方面是矿山生产能力的决定因素之一，另一方面还涉及到所有入井人员的生命安全，因此在矿山生产中占有极其重要的作用。矿山提升系统与通风系统、压风系统和排水系统共同构成矿山四大固定设备。

一、矿山提升系统及设备

矿山提升系统主要由井筒及井筒装备、提升机、电动机及电气系统、安全保护装置、提升信号系统、提升钢丝绳、提升容器、井架、天轮、装卸载附属设备等组成。根据不同的标准，矿山提升系统可以有多种分类方法。根据提升井筒型式的不同，可分为立井提升系统和斜井提升系统；根据提升任务的不同，可分为主井提升系统和副井提升系统；根据提升容器的不同，可分为罐笼提升系统、箕斗提升系统、串车（包括斜井人车）提升系统和吊桶提升系统。

1. 立井提升系统。立井提升系统是指提升井筒中心线与水平面相垂直的提升系统，在大、中型煤矿中普遍应用。根据提升任务的

不同，立井提升系统又可以分为专门提升煤炭的主井提升系统和提升矸石、升降人员、设备或物料的副井提升系统。

（1）主井（箕斗）提升系统。正常情况下，提升机处于停车位置时，两个箕斗一个在上井口，一个在下井口。井底煤仓的煤炭通过装载设备装入位于下井口的箕斗内，同时上井口的箕斗进入卸载曲轨并把箕斗内的煤炭卸入上井口煤仓。上下两个箕斗分别与两根提升钢丝绳连接，两根钢丝绳绕过井架上的天轮后，以相反的方向缠绕于提升机的滚筒上。当提升机运转时，钢丝绳带动两个箕斗在井筒中做上下运动，完成煤炭的提升工作。

（2）副井（罐笼）提升系统。正常情况下，提升机处于停车位置时，两个罐笼一个在上井口，一个在下井口。上、下井口的罐笼全部完成装卸矿车或人员进出后，提升机在电动机的作用下，带动提升钢丝绳及罐笼在井筒中做上下运动，以完成矿车或人员的升降工作。

（3）箕斗提升系统与罐笼提升系统的比较。箕斗提升系统与罐笼提升系统的提升容器不同，装、卸载设备也不同，一般箕斗提升系统采用自动装、卸载设备，生产效率高，并易于实现自动化提升，但是只能用于提升煤炭；而罐笼提升系统则通过人工或机械装卸矿车，生产率低，参与人员多，不易于实现自动化提升，因此立井罐笼提升系统大多用于辅助提升，如提升矸石，升降人员、设备或物料等。在一些小型煤矿，立井罐笼提升也作为主井提升煤炭。

2. 斜井提升系统。斜井提升系统用于井筒中心线与水平面夹角小于90°的矿井。所使用的提升设备，主要包括斜井箕斗提升系统、斜井串车及人车提升系统和斜井钢丝绳架空乘人系统。

（1）斜井箕斗提升系统。斜井箕斗提升系统与立井箕斗提升系统类似，只是立井箕斗是沿着井筒内的罐道运行，斜井箕斗是沿着斜巷内铺设的轨道运行，所以斜井箕斗与轨道的接触部位安有轮对。

(2) 斜井串车及人车提升系统。斜井串车及人车提升系统与立井罐笼提升系统类似，只是提升容器不再使用罐笼，而是直接把若干个矿车或人车连在一起，第一辆矿车或人车与提升钢丝绳相连，在提升机及提升钢丝绳的带动下，串车或人车在斜巷内铺设的轨道上运行，以完成斜巷内物料和人员的升降工作。

(3) 斜井钢丝绳架空乘人系统。斜井钢丝绳架空乘人系统也称作斜井猴车运人系统，只能用来运送人员。该系统就是在斜巷的上、下坡口分别安设主导轮和导向轮，然后用一根封闭的牵引钢丝绳（上面安有吊杆和供人员乘坐的蹬座）绕过主导轮和导向轮，在主导轮的作用下，依靠牵引钢丝绳与主导轮之间的摩擦力带动牵引钢丝绳在斜巷内做上下往复的运动，以完成升降人员的任务。其优点是提升设备小，电耗低，牵引钢丝绳做连续运动，人员上、下蹬座时牵引钢丝绳也不需要停止运行。

二、矿山提升安全知识

1. 乘坐立井罐笼。乘坐立井罐笼过程中，必须遵守下列有关规定：

(1) 所有准备乘坐罐笼的人员一律在指定的井口一侧（一般是进车侧）排队等候，严禁上顶罐（从井口的另一侧上罐即上顶罐）。

(2) 罐笼到达正常停车位置并发出停车信号后，必须由信号把钩工打开井口安全门和罐门或罐帘，罐内人员先从指定的井口一侧（一般是出车侧）下罐，然后准备乘罐的人员再从指定的井口另一侧（一般是进车侧）按顺序上罐。上罐完毕后，由信号把钩工关闭罐门或罐帘及安全门。严禁罐内或罐外其他任何人开、闭安全门、罐门或罐帘，严禁任何人不按顺序上、下罐。

(3) 除专职信号把钩工及信号维修和管理人员外，其他任何人不得进入信号硐室。因为信号硐室内的信号系统与提升机控制回路相闭锁，只有在井口专职信号工发出开车信号后，提升机才能启动。人员进入信号硐室内误发信号可能会引发重大提升事故。

(4) 所有乘坐罐笼的人员必须服从井口信号把钩工的统一指挥。达到规定的乘罐人数后，信号把钩工有权制止其他任何人再上罐。

(5) 携带火工用品的炮工不得在井口与其他人员一起排队等候或一起上罐，以防火工用品一旦爆炸引起其他人员的伤亡。

(6) 所有乘罐人员的肢体和所携带的物品不得超出罐外。

(7) 一般在井口的进车侧和出车侧之间设有副巷作为人行通道，人员需从一侧到另一侧时必须走人行通道，严禁直接从井底穿越。

2. 乘坐斜井人车：

(1) 使用斜井人车运送人员时必须遵守下列规定：

1) 斜井人车必须有顶盖，车辆上必须装有可靠的防坠器。当提升钢丝绳断绳时，防坠器能自动发生作用，也能人工操纵。

2) 斜井使用人车运送人员时，人车上必须有跟车人，且跟车人必须坐在设有手动防坠器把手或制动器把手的位置上。

3) 斜井人车必须设置使跟车人在运行途中任何地点都能向司机发送紧急停车信号的装置。

4) 每班运送人员前，必须检查人车的连接装置、保险链和防坠器，并必须先放一次空车。

5) 斜井人车提升的各车场应设有信号硐室和候车硐室，候车硐室应具有足够的空间。

(2) 乘坐斜井人车的人员必须遵守下列规定：

1) 所有准备乘坐人车的人员一律在候车硐室内排队等候。

2) 人车停稳并发出停车信号后，车上人员先下车，准备乘车的人员在信号把钩工的指挥下按顺序上车。当上车人员达到规定的人数时，把钩工有权制止其他任何人再上车。

3）除专职信号把钩工及信号维修和管理人员外，其他任何人不得进入信号硐室。

4）所有乘车人员的肢体和所携带的物品不得超出车外。

3. 乘坐斜井钢丝绳架空乘人装置。乘坐斜井钢丝绳架空乘人装置的人员必须遵守下列规定：

（1）准备乘坐的人员在指定地点排队等候。不得在斜井钢丝绳架空乘人装置启动前先坐到蹬座上等候开车。

（2）乘坐人员不许携带过长或过重的物体。

（3）按顺序依次在斜井钢丝绳架空乘人装置运行中蹬上蹬座，乘坐人员要坐稳，不得引起吊杆摆动，不得手扶牵引钢丝绳或触及邻近的任何物体。

（4）严禁同时运送携带爆炸物品的人员。

第五节　矿山运输安全知识

矿山运输系统，是矿山生产过程中的重要环节，主要任务是把生产工作面的煤炭和矸石运送到各石门、井口，经提升设备提升到地面后，再运送到煤场或矸石场；设备及物料由地面其他地点到井口之间、由井下各井口到本水平各石门、工作面之间的相互运输；井下作业人员在井下各井口到本水平各石门之间的相互运输。矿山运输系统运输能力的大小直接影响着矿井的生产能力，同时也关系到所运送人员和巷道内行走作业人员的生命安全。此外，由于运输系统战线长，机电设备多，所以也是事故多发的环节。

一、矿山运输系统及设备

矿山运输系统可分为地面运输系统和井下运输系统。

1. 地面运输系统。地面运输系统是指与地面相通的各井的上井口至矿内其他地点，如矸石场、火药库或机采科等部位的运输系统。运输设备大多采用电机车，如架线电机车、蓄电池电机车等在轨道上牵引矿车，以完成地面的运输任务。地面运输系统一般不用来运送人员。

2. 井下运输系统。井下运输系统是指井下所有煤炭、矸石、设备、材料的运输和人员的运送。可以分为采区运输系统和主要巷道运输系统两大类。

(1) 采区运输系统。采区运输系统是指回采、掘进、开拓等工作面至相应石门之间煤炭、矸石、设备、材料的运输系统，严禁运送人员。一般情况下，运送煤炭使用溜槽、刮板输送机、带式输送机或矿车；运送矸石或设备、材料大多使用矿车。使用矿车运输时，可采用防爆的绞车牵引矿车或采用矿用防爆特殊型蓄电池电机车、矿用防爆柴油机车等作为牵引机车。

(2) 主要巷道运输系统。主要巷道运输系统是指各石门至井口之间的煤炭、矸石、设备、材料和人员的运输系统。根据所用设备的不同，可以分为主要巷道带式输送机运输系统和主要巷道机车运输系统。

1) 主要巷道带式输送机运输系统。主要巷道带式输送机运输系统就是安装于主要运输巷道内的带式输送机运输系统。主要用于运送煤炭，可以向上运输、向下运输和水平运输。向上或向下运输时，可以把煤炭从某一个巷道（水平）运送到另一个巷道（水平），属于连续运输设备，运输效率较高，因此近年来有些矿井用带式输送机取代了立井箕斗提升系统。

除钢丝绳牵引强力带式输送机（钢缆带式输送机）可以运送物料外，其他带式输送机一律不得运送物料。

除符合《煤矿安全规程》第375条规定的钢丝绳牵引带式输送机或钢丝绳芯带式输送机可以运送人员外，其他带式输送机一律不得运送人员。

2）主要巷道机车运输系统。使用机车牵引矿车或人车运行于各石门与井口之间的主要巷道运输系统。机车主要有架线电机车、矿用特殊防爆型蓄电池电机车和矿用防爆柴油机车三种。矿车可以装载煤炭、矸石、设备和材料，严禁乘坐人员；装载火工用品必须使用特制的专用车；人员只能乘坐人车。

二、矿山运输安全知识

1. 运送人员：

（1）主要运输巷道机车运送人员。《煤矿安全规程》第358条规定，长度超过1.5千米的主要运输平巷，上下班时应采用机械运送人员。乘车人员主要存在着触电、因乘车位置不当或所乘车辆掉道、翻车引起的挤压、碰撞以及在乘车场被车辆撞击等危险因素。因此，所有乘车人员必须遵守下列规定：

1）人员只能乘坐专门运送人员的带有顶盖、从侧面上、下车的人车。《煤矿安全规程》第358条规定，严禁使用固定车厢式矿车、翻转车厢式矿车、底卸式矿车、材料车和平板车等运送人员。

2）人员上、下车地点应有照明。采用架空线电机车运送人员时，架空线必须安设分段开关或自动停送电开关，乘车人员必须听从司机或乘务人员的指挥，在切断该区段架空线电源后方可上、下车。一般情况下，车辆进入车场，切断该区段架空线电源后应有声音或灯光显示。乘车人员必须在确定已经收到停电信号后方可上、下车。严禁车辆刚进入车场，尚未切断该区段架空线电源时上、下车。

3）人员乘车后，必须在开车前关上车门或挂上防护链。人体及所携带的工具和其他物品严禁露出车外。

4）严禁超员乘坐人车。

5）严禁在机车上或任何两车厢之间搭乘人车。

6）车辆行驶中和尚未停稳时，严禁上、下车和在车内站立。

7）车辆掉道时，必须立即向司机发出停车信号。

8）运送人员时，严禁同时运送有爆炸性的、易燃性的、腐蚀性的物品或附挂物料车。

（2）主要运输巷道带式输送机运送人员。乘坐人员的主要危险因素包括：上、下输送带时人员跌倒；乘坐输送带时人员从输送带上坠落，如输送带运行速度过快、乘坐姿势不当、人体触及固定物体或输送带运行中发生断带事故等；乘坐人员经过给煤机前不能及时从输送带上下来而卷入给煤机的出料口与输送带之间；乘坐人员经过机头卸载位置前不能及时从输送带上下来而坠入卸载煤仓；乘坐人员到达机尾前不能及时从输送带上下来而卷入机尾滚筒与输送带之间；乘坐人员被输送带上滚落的矸石、煤块砸伤；乘坐人员的肢体被卷入托滚与输送带之间或被卷入托绳轮与输送带之间等。为此，《煤矿安全规程》第 375 条对使用带式输送机运送人员作出了具体规定，主要包括以下两个方面：

1）带式输送机及运输巷道的要求：①必须采用钢丝绳牵引带式输送机或钢丝绳芯带式输送机。②输送带的宽度不得小于 0.8 米，钢丝绳牵引带式输送机的输送带绳槽至带边的宽度不得小于 60 毫米。③带式输送机的运行速度不得超过 1.8 米/秒。④在上、下人员的 20 米区段内输送带至巷道顶部的垂直距离不得小于 1.4 米，行驶区段内的垂直距离不得小于 1 米。下行带乘人时，上、下输送带之间的垂直距离不得小于 1 米。⑤上、下人员的地点应设有平台和照明。上行带下人平台的长度不得小于 5 米，宽度不得小于 0.8 米，并有栏杆。上、下人的区段内不得有支架或悬挂装置。下人地点应有标志或声光信号，在距下人区段末端的前方 2 米处，必须设有能自动停车的安全装置。在卸煤口，必须设有防止人员坠入煤仓的设施。⑥应装有在输送机全长任何地点可由搭乘人员或其他人员操作的紧急停车装置。⑦钢丝绳芯带式输送机应设断带保护装置。

2）乘坐人员的安全要求：①运送人员前，必须卸除输送带上的物料或煤炭。严禁同时运送人员和其他物品。②乘坐人员在输送带上的间距不得小于 4 m，以避免输送带局部过载。③人员乘坐输送带向下运行时，应面向前方坐在输送带上；乘坐输送带向上运行时，应面向前方俯卧在输送带上。严禁在输送带上站立或仰卧。④乘坐人员严禁携带笨重物品或超长物品。⑤带式输送机运行中，乘坐人员的肢体及携带物品不得超出输送带的两侧，更不许触及托绳轮、托滚或顶板、侧帮。⑥乘坐人员在发生紧急情况时，应立即操作紧急停车开关，使带式输送机停止运行，以防止发生人身伤害事故。其他情况不得擅自操作此开关。⑦乘坐带式输送机时，乘坐人员应时刻注意带式输送机的运行情况、前方巷道的情况以及是否已经接近下人平台。到达下人平台前必须做好下输送带的准备。⑧带式输送机巷道中，除用于行人跨越的过桥外，严禁任何人从输送带的一侧跨越至输送带的另一侧。

2. 巷道内人力推车。巷道内人力推车时，主要危险因素包括：车辆撞人或设施、两车之间对人体的挤压、矿车轮对（轱辘）对人员脚部的挤压、车辆因掉道、翻车而砸人等。当巷道内设有双道时，还要考虑避免与另一轨道上的车辆相撞或挤压的问题。因此，在《煤矿安全规程》第 362 条中对人力推车作出了有关规定。

（1）人力推车时，一次只准推一辆车。

（2）严禁在矿车两侧推车，以防止与巷帮或其他轨道上的车辆相撞。同时，为避免同一轨道上的车辆相撞，要求同向推车的车距，在轨道坡度不超过 5‰时不得小于 10 米，在坡度大于 5‰时不得小于 30 米。

（3）推车时必须时刻注意前方。在开始推车、停车、掉道、发现前方有人或有障碍物，从坡度较大的地方向下推车以及接近道岔、弯道、巷道口、风门、硐室出口时，推车人必须及时发出信号。

（4）巷道坡度超过 7‰时，严禁人力推车。

3. 巷道内人员行走的安全知识：

（1）井底车场及机车运输平巷。井下光线不足，道路不平，有时还有过往的车辆或使用架线机车，因此存在触电、被车辆撞击或挤压、跌倒、顶板或巷帮塌落导致的物体打击等方面的有害因素。在井底车场范围内，人员只能靠行走到达某一地点；从井底车场往里到巷道的各个石门口，可以采用机车运送人员，也可以靠人员自己行走。人员行走时，应注意以下安全问题：

1）在只铺设单列轨道的巷道内，人员应站在轨道至巷帮距离较大的一侧行走；在铺设两列轨道的巷道内，人员应站在两列轨道的中间行走。

2）行走途中，必须时刻注意自己的前方和后方有无车辆通过。当一个方向有车辆驶来时，人员要立即停住，面向行驶的车辆，站在较宽敞的一侧（单道时）或站在另一列轨道的道心（双道时）。当两列机车分别从前、后两股轨道上向自己驶来时，应立即停住，并分别向两列机车发出紧急停车信号。停车信号一般是用矿灯向机车车头方向左右连续晃动。车辆停止后，可站在其中一股轨道的道心，向另一列机车发出开车信号（上下连续晃动三次），这列机车开走后，再站在这股轨道的道心向另一列机车发出开车信号。

3）在安有架线的巷道内行走时，人员及所携带的物品严禁碰触架线，以防止发生触电事故。

4）为保证机车的正常运行，行走人员严禁扳动道嘴、道岔等轨道设施。

（2）其他运输巷道。包括安有带式输送机的主要运输巷道和所有采区运输系统的运输巷道。有害因素除包括井底车场及机车运输平巷中所提到的之外，还包括人员肢体被带式输送机或刮板输送机绞伤或刮伤、人员坠入溜煤眼等。因此，在这些部位行走时，必须注意以下安全问题：

1）在安设带式输送机或刮板输送机的巷道内，人员必须站在输送带或刮板距巷帮比较宽敞的一侧行走。而且不论输送机是否运转，人员严禁站在输送机的输送带或刮板上。当输送机运转时，除过桥外，任何人不得跨越；任何人的肢体和所携带物品不得触及输送机的运转部位。

2）除取得带式输送机或刮板输送机操作证的专职司机外，其他任何人不得擅自操作输送机及其电气设备。

3）使用小绞车牵引矿车时，小绞车必须由取得小绞车操作证的专职司机操作，其他现场人员严禁站在车辆行进前方的轨道道心或钢丝绳断裂后可能甩到的地方。

4）人员严禁进入专门运送煤炭的溜煤眼。

第六节　安全用电

一、井下供电安全

1. 煤矿企业供电的基本要求。由于煤矿井下特殊的生产条件，为了保证矿工的生命安全和矿山的正常生产，要求供电安全、可靠、经济和技术合理。

（1）供电安全。煤矿井下有水、火、瓦斯、煤尘、顶板五大自然灾害存在，自然条件恶劣，生产环境复杂，容易发生触电、爆炸等恶性事故，因此采取防爆、防触电、防潮、各种电气保护等一系列措施，严格遵守《煤矿安全规程》的规定，确保煤矿供电安全。

（2）供电可靠。煤矿供电中断时，不仅影响产量，而且会因为停电而停止通风、停止排水，从而引发爆炸、淹没矿井等各类重大事故的发生，危及到人民群众生命财产的安全，有时甚至毁掉整个矿井。因此要求煤矿供电，特别是井下供电要绝对可靠，在任何情况下都必须保证提供一部分的电能，确保矿工及矿井的安全。

（3）供电经济。由于煤矿电气设备耗电量很大，如果设计不合理或选型不合理，会造成大量电能的浪费，因此，在保证安全，提高供电质量的前提下，力求供电线路简单，操作方便，合理设计和选用电气设备，保证供电的经济性。

(4) 供电技术合理。技术合理性也叫供电质量好，是指供电的电压、频率要达到一定的技术标准。

2. 煤矿井下供电电压等级。为了保证煤矿井下供电安全，《煤矿安全规程》第448条对井下供电的电压等级进行了具体的规定：井下各级配电电压和各种电气设备的额定电压等级，应符合下列要求：

(1) 高压不超过10 000伏。

(2) 低压不超过1 140伏。

(3) 照明、信号、电话和手持式电气设备的供电额定电压不超过127伏。

(4) 远距离控制线路的额定电压不超过36伏。

(5) 采区电气设备使用3 300伏供电时，必须制定专门的安全措施。

3. 《煤矿安全规程》对井下供电的要求：

(1) 对井下各水平中央变配电所、主排水泵房和下山开采的采区排水泵房供电的线路，不得少于两回路。当任一回路停止供电时，其余回路应担负全部负荷。两回路电源应来自各自的变压器和母线段，线路上不应分接任何负荷。

(2) 井下低压配电系统同时存在两种或两种以上电压时，低压电气设备上应明显地标出其电压额定值。

(3) 电气设备不应超过额定值运行。

(4) 井下中央变电所的高压馈电线上，必须装设有选择性的单相接地保护装置；供移动变电站的高压馈电线上，必须装设有选择性的动作于跳闸的单相接地保护装置。

(5) 直接向井下供电的高压馈电线上，严禁装设自动重合闸。

(6) 井上、下必须装设防雷电装置，并遵守下列规定：①经由地面架空线路引入井下的供电线路和电机车架线，必须在入井处装设防雷电装置。②由地面直接入井的轨道及露天架空引入（出）的管路，必须在井口附近将金属体进行不少于两处的良好的集中接地。

4. 安全用电作业制度：

（1）工作票制度。凡井下高压电气设备的检修都要使用工作票。依据中华人民共和国水利电力部颁发的《电工安全作业规程》的规定，工作票分为三种：第一种工作票、第二种工作票和口头或电话命令。井下高压电气设备的检修采用第一种工作票。

（2）工作许可制度。对地面变电站电源进线及与进线有关的电气设备进行操作检修时，必须得到主管部门调度的批准。对地面和井下高压电气设备操作检修时，必须经矿生产调度的许可方可进行。

许可开始的命令，必须通知到工作负责人，其方式可采用当面通知、电话传达、派人传递等方式。

（3）工作监护制度：

1）完成工作许可手续后，工作负责人应向工作人员交代现场安全措施、带电部位和其他注意事项，工作负责人必须始终在工作现场对工作人员的安全认真监护，及时纠正不安全动作。

2）工作票签发人和工作负责人，对有触电危险的、施工复杂容易发生事故的工作，应增设专人监护。专职监护人不得兼做其他任何工作。

3）倒闸操作和井下电气设备的检修，必须由两人执行，其中一人监护，一人操作。由对操作现场和设备比较熟悉，级别较高的人做监护人；特别重要和复杂的倒闸操作，由熟练的值班员操作，由值班班长或值班负责人监护；在进行高压试验时，应由两人执行，一人操作一人监护。专职监护人员不得兼做其他工作。

（4）停送电制度。严格执行停送电制度，中间不得换人，在无人值班的变电所，停电后应设专人看守。严禁约时停、送电，严禁约定信号停、送电。

(5) 验电、放电、接地、挂牌制度：

1) 验电前，应先检查周围的瓦斯浓度，当瓦斯浓度低于1%时，用与电源电压相适应的验电笔验电。

2) 当验明确实停电后，用短路接地线先接地，然后将被检修的设备、导线三相短路。

3) 工作前，应将电气设备的闭锁装置锁好，并挂上“禁止合闸，有人工作”的警示牌。

(6) 工作防止送电的措施：

1) 高压防爆配电装置停电后，必须把开关拉出，使插销脱离电源。拔出插销后，电源侧要用专用的挡板挡住，以防触电和误推入开关。

2) 可能从两侧送电的设备，必须可靠地断开各方电源，拔出插销或拉开刀闸。

3) 低压防爆开关在开盖进行检修时，严禁解除闭锁，不关盖进行送电试验或进行其他带电检修工作。

(7) 井下用电十不准制度：

1) 不准带电检修、搬迁电气设备、电线、电缆。

2) 不准甩掉无压释放器、过电流保护装置。

3) 不准甩掉漏电继电器、煤电钻综合保护装置和局部通风机风电、瓦斯电闭锁装置。

4) 不准明火操作，明火打点，明火放炮。

5) 不准用铜丝、铝丝、铁丝等代替熔丝。

6) 停风、停电的采掘工作面，未检查瓦斯，不准送电。

7) 有故障的线路不准强行送电。

8）电气设备的保护装置失灵后，不准送电。

9）失爆的设备和电器，不准使用。

10）不准在井下拆卸和敲打矿灯。

5. 触电的危害及防治措施：

（1）触电的概念及分类：

1）触电的概念。人触及带电导体或触及因绝缘损坏而带电的电气设备金属外壳，或接近高压带电体而成为电流通路的现象称为触电。触电是一种事故。在煤矿井下，由于空气潮湿，空间狭窄，照明不足，电气设备容易被砸、压而使绝缘损坏，因而容易发生触电事故。

2）触电的分类。触电对人体组织的破坏过程是很复杂的，按照触电时人体的伤害程度分类，触电可分为电击和电伤。

电击是触电电流对人体内部组织的损伤。人触电后，身体成为电路的一部分，电流流经人体引起热化学作用，电解血液并影响人的呼吸、心脏及神经系统，造成人体内部组织的损伤和破坏，导致残废或死亡。电击通常也称为内伤，在触电事故统计中有近85%以上的触电死亡事故是由电击造成的，所以说电击是最危险的触电事故。

电伤是电流的热效应、化学效应和机械效应对人造成的伤害。电伤包括电流灼伤和电弧烧伤、皮肤金属化、电烙印、机械性损伤等。在触电事故中，85％以上的电击死亡事故含有电伤的成分。

3）触电的方式。按照人体触及带电体的方式和电流通过人体的途径，触电的方式可分为单相触电、两相触电和跨步电压触电。

单相触电是指当人体直接接触带电设备的一相时，电流通过人体流入大地，这种触电现象称为单相触电。

两相触电是指人体同时接触带电设备或线路中的两相导体，或在高压系统中，人体同时接近不同相的两相带电导体，发生电弧放电，电流从一相导体通过人体流入另一相导体，构成一个闭合回路，这种触电的方式称为两相触电。

跨步电压触电是指当电气设备发生接地故障，接地电流通过接地体向大地流散，在地面上形成电位分布时，若人在接地点周围行走，其两脚之间的电位差，就是跨步电压。由跨步电压引起的触电称为跨步电压触电。

（2）影响触电危险的因素：

1）触电电流的影响。发生触电时，流过人身的电流称为触电电流。触电电流越大，对人体组织的破坏作用就越大，因而也就越危险。根据人体对电流的感受程度，将触电电流分为感知电流、反应电流、摆脱电流和极限电流（也叫心室纤颤电流）。

2）触电电流持续时间的影响。触电持续时间是指从触电瞬间开始到人体脱离电源或电源被切断的时间。触电时间越长，电流对人体引起的热伤害、化学伤害及生理伤害就越严重，危险性就越大。随着电流在人体内持续时间的增加，人体发热出汗，人体电阻会逐渐减小，因而触电电流会增大。所以即使是比较小的电流，若流过

人体的时间过长，也会造成伤亡事故；反之，即使触电电流较大，但能在极短的时间内脱离电源，也可以使危险减轻。因此，我国规定触电的安全电流与触电的安全时间为30毫安·秒。

3）人体电阻的影响。人体电阻是触电电流流经人体各部分组织时对电流的阻碍作用。它包括两个部分，即体内电阻和皮肤电阻。

体内电阻是由肌肉组织、血液、淋巴和神经等组成。其电阻较小，基本上不受外界条件的影响。一般情况下为1 000～2 000欧姆。

皮肤电阻，是指皮肤表面角质层的电阻，电阻较大，而且受外界条件的影响很大。当人体皮肤处于干燥、洁净和无损伤的状态下，人体电阻可达40～100千欧；而当皮肤处于潮湿状态如手湿、出汗或受到损伤时，则人体电阻会降到1 000欧姆左右，如皮肤完全遭到破坏，人体电阻将下降到600--800欧姆左右。由于煤矿井下水大潮湿，工人的劳动强度较大，所以在井下取人体的平均电阻值为1 000欧姆。

4）接触电压。接触电压是指人站在地上，身体某一部分触及带电体或带电的金属外壳时，人体接触部分与站立点的电位差。触电的危险程度主要决定于直接加在人体上的电压，即接触电压的大小。

5）电流频率的影响。电流频率对触电的伤害程度有直接的影响。25～300赫兹的交流电对人体的伤害远大于直流电。低于25赫兹和高于300赫兹时，伤害程度会显著减轻。当频率高于1 000赫兹时，其伤害程度比工频电有明显减轻。

6）触电电流流经途径的影响。电流流经人体的途径，对于触电的伤害程度影响很大。电流通过心脏、脊椎和中枢神经等要害部位时，触电的伤害最为严重。电流从左手到胸部以及从左手到右脚是最危险的电流途径；从右手到胸部或从右手到脚、从手到手都是很危险的电流途径。

（3）预防人身触电的措施。由于煤矿井下特殊的工作环境，极易发生人身触电事故，因此，必须分析触电发生的原因，采取有效的措施，预防触电事故的发生。

1）煤矿井下发生触电事故的各种原因：

高压电网事故的主要原因：①带电清扫，带电检查，带电搬运，带电作业；②没有工作票，没有安全措施，没有执行高压电网作业中停电、验电、放电等规程和要求；③误操作，误停、送电，错误辨认开关和电缆，没有执行作业监护制度，没有悬挂“有人工作，禁止送电”作业牌；④没有设置高压漏电保护装置。

低压电网触电事故的主要原因：①违章带电安装，带电检修，带电检查；②不执行停送电制度，误停、送电；③用电安全技术管理有漏洞，如设备及电缆漏电，保护装置失灵而没有及时修理或更换。

直流触电事故的原因：①架线高度低，不符合《煤矿安全规程》的要求；②带电修理电机车集电弓；③工人违章乘坐矿车；④矿车掉道后，使用长铁器处理时触及架线；⑤工人在有架线的巷道里扛钎子、管子等触及架线；⑥架线漏电或没有装设保护装置。

2）防止触电的措施：①井下不得带电检修、搬迁电气设备、电缆和电线。检修搬迁前，必须切断电源；检查瓦斯只有当工作地点的瓦斯浓度低于1%时，再验电（与电源电压相适应的验电笔）；确认无电后，进行导体的对地放电；所有开关的闭锁装置必须可靠，防止擅自送电，擅自开盖操作；悬挂“有人工作，禁止送电”字样的警示牌；工作结束后，检查无误，执行该项工作的人员才有权取下警示牌送电。②操作井下电气设备必须遵守下列规定：非专职人员或非值班电气人员不得擅自操作电气设备。操作高压电气设备主回路时，操作人员必须戴绝缘手套，并穿电工绝缘靴或站在绝缘台上。手持式电气设备的操作手柄和工作中必须接触的部分必须有良好的绝缘。普通型携带式电气测量仪表，必须在瓦斯浓度1%以下的地点使用并实时监测使用地点的瓦斯浓度。操作电气设备要有工作票和施工措施；停、送电的操作，要根据书面申请或其他可靠的联系方式，由专职电工执行。③加强对电气设备、供电线路的管理。电气设备安装使用合理，各种保护装置严禁甩掉不用；电缆线路不准有“鸡爪子，羊尾巴，明接头”；对地绝缘电阻符合要求，巷道内的电缆，沿线每隔一定的距离，拐弯或分支点以及连接不同直径电缆的接线盒两端、穿墙电缆的两边都应设置注有标明用途、电压和截面积的标志牌。④防止人身接触或接近带电体。将电气设备裸露带电部分安装到一定的高度。如《煤矿安全规程》第356条规定了井下电机车架空线的悬挂高度：在行人的巷道内、车场内以及人行道与运输巷道交叉的地方不小于2米，在不行人的巷道内不小于1.9米；井底车场内，从井底到乘车场不小于2.2米。容易碰到的，裸露的带电体及机械外露的转动部分必须加装护罩或遮栏等防护设施。各种电气设备的导电部分和电缆接头都必须封闭在坚固的外壳中，并保证闭锁装置完好。⑤对人员经常接触的电气设备，采取降低工作电压。如井下照明、信号、电话、手持式电气设备额定电压都不超过127伏；控制回路电压，不超过36伏。⑥井下电气设备采用保护接地。⑦设置完善可靠的漏电保护系统，一旦发生人身触电事故，立即切除电源，保证人身安全。

二、井下电网保护

煤矿井下供电系统的漏电保护、过电流保护和接地保护称为煤矿井下的三大保护。

1. 漏电保护：

(1) 漏电的概念。当电气设备或导线的绝缘损坏或人体触及一相带电体时，电源和大地形成回路，有电流流过的现象，称为漏电。井下常见的漏电故障分为集中性漏电和分散性漏电。

(2) 漏电的危害：

1) 人体触及漏电设备或电缆时会造成触电伤亡事故。

2) 漏电回路中，漏电点可能产生电火花，容易引起瓦斯、煤尘爆炸事故。

3) 电气设备漏电时，不及时切断电源会扩大为短路故障，烧毁设备，造成火灾。

4) 漏电回路上各点存在电位差，若电雷管引线两端接触不同电位的两点，可能使电雷管爆炸。

(3) 漏电保护。《煤矿安全规程》规定：井下低压馈电线上，必须装设检漏保护装置或有选择性的漏电保护装置，保证自动切断漏电的馈电线路。

1) 漏电保护对安全生产的作用：①防止人身触电。②防止漏电电流烧损电气设备。③防止漏电火花引爆瓦斯和煤尘。

2) 漏电保护的方式。对于井下变压器中性点绝缘的供电系统，最常用的漏电保护方式有附加电源直流检测式、零序电流方向式、旁路接地式和自动复电式等。

2. 过电流保护：

(1) 过电流故障的类型及危害。煤矿井下常见的过电流故障有短路、过负荷和断相。

1) 短路。短路是指电流不流经负载，而是经过导线直接形成回路。其特点是电流很大，可以是额定电流的几倍，十几倍，甚至更大。其危害是：能够在极短的时间内烧毁电气设备，甚至引起火灾或引爆井下的瓦斯煤尘；短路电流还会产生很大的电动力，使电气设备遭到机械损坏；短路可以引起电网电压突然下降，影响电网中其他用电设备的正常工作。

2）过负荷。指流过电气设备或线路的实际电流超过其额定电流且超过允许时间。其危害是：当电气设备或电缆过负荷后，其温度将超过所用绝缘材料的最高允许温度，使绝缘被破坏，如不及时切断电源，将会发展成漏电或短路事故。

3）断相。指三相供电线路或三相电气设备中一相线路断开，其危害是在负荷不变的情况下，必然造成其他两相过负荷，从而引发事故。

（2）过电流保护装置。为了及时、准确、可靠地将过电流的故障线路切断，在供电线路上必须加设过电流保护装置。常用的过电流保护装置有熔断器、电磁式过流继电器和热继电器等。

3. 接地保护。《煤矿安全规程》规定：电压在36伏以上和由于绝缘损坏可能带有危险电压的电气设备的金属外壳、构架、铠装电缆的钢带、铅皮或屏蔽护套等必须有保护接地。

接地保护对保证人身触电安全是非常重要的，通过接地装置的有效分流作用，可以把流经人体的触电电流降低到安全值以下，确保人身安全；同时接地保护可以避免接地电流引起瓦斯、煤尘的爆炸。

由于井下电气设备比较分散，而且供电距离较远，很难用一个集中的接地装置来满足接地保护的需要，所以，井下除中央变电所设置主接地极外，沿着供电线路埋设了许多局部接地极，并形成井下局部接地网。

三、矿用电气设备

矿用电气设备共分为两大类，即矿用一般型电气设备和矿用防爆型电气设备。

1. 矿用一般型电气设备。矿用一般型电气设备是专为煤矿井下条件生产的不防爆的一般型电气设备，与通用设备比较，这种设备对介质温度、耐潮性能、外壳材质及强度、进线装置、接地端子等都有适应煤矿实际条件的要求，而且能防止从外部直接触及带电部分及防止水滴垂直滴入，并对接线端子、爬电距离和空气间隙有专门的规定。在矿用一般型电气设备外壳的明显处，均有清晰的永久性凸纹标志“KY”。

2. 矿用防爆型电气设备。矿用防爆型电气设备是按照国家标准 GB 3836.1—10《爆炸性气体环境用电气设备》制造的。该标准规定防爆型电气设备分为Ⅰ类和Ⅱ类，其中Ⅰ类为煤矿井下用电气设备，在防爆电气设备外壳的明显处，均有清晰的永久性凸纹标志“Ex”。

复习与思考题

1. 什么叫断层？断层有哪几种类型？

2. 什么叫井田？什么叫阶段？

3. 井田的开拓方式有哪几种？

4. 巷道的支护方式有哪几种？

5. 掘进机作业时应该注意哪些事项？

6. 掘进工作面在支护方面主要有哪些安全规定？

7. 长壁式采煤工作面的回采工艺有哪几种？

8. 采煤工作面在支护方面主要有哪些安全规定？

9. 采煤工作面初次放顶及收尾时应该注意哪些事项？

10. 《煤矿安全规程》对禁止采用放顶煤采煤法开采的情形有哪几种？

11. 矿山提升系统由哪几部分组成?

12. 入井人员乘坐罐笼必须遵守哪些规定?

13.《煤矿安全规程》对井下平巷内的人力推车有什么规定?

14. 人员在井下巷道内行走时，应注意哪些安全事项?

15. 入井人员乘坐平巷人车时必须遵守哪些规定?

16. 安全用电制度包括哪些内容?

17. 井下用电“十不准”的内容是什么?

18. 人体触电方式有哪几类?

19. 井下低压电网触电事故的原因有哪些? 如何防范?

20. 煤矿井下供电系统“三大保护”的内容是什么?

21. 矿用电气设备分为哪两类?

第四章　煤矿职工入井须知

学习目的：

要求通过本章的学习，掌握入井前有关的安全常识；了解煤矿井下必需的安全设施；熟悉井下安全标志。使煤矿职工尽快适应煤矿作业环境，保障安全生产。

农民进入煤矿从事煤矿工作，面对的是一个全新的、特殊的作业环境，由于煤矿井下存在着许多不安全因素，与农村的作业环境反差巨大。为了尽快适应煤矿作业环境，保障安全生产，必须掌握入井前有关的安全常识。

第一节　入井前有关规定

一、班前准备须知

1. 家庭是社会的细胞，和谐、关爱的家庭是保证职工“高高兴兴上班去、平平安安回家来”的重要条件，是保障安全生产、劳动保护的重要基础。

2. 文明、健康的生活方式，营养合理的膳食，保证上班前有充足的睡眠和充分的休息，是保证职工以充沛的精力全神贯注地投入安全生产的基本条件。

井下工作环境比较复杂，要求作业人员的注意力高度集中。如果上班前喝酒，由于酒中乙醇的作用，使人精神昏沉，反应迟钝，或者引起情绪冲动，盲目蛮干，这是事故的潜在隐患。因此，入井人员入井前严禁喝酒。

二、佩戴与携带物品须知

1. 入井人员必须戴安全帽，随身携带自救器和矿灯，严禁携带烟草和点火物品，严禁穿化纤衣服。这一规定是入井人员须知的最起码的常识，也是国内外煤矿生产中许多血的教训所总结出来的一条重要经验，国内外一些重大恶性事故充分证明了这一规定的必要性。由于井下吸烟而引起的瓦斯爆炸事故，造成的伤亡人数约占30%左右。因此，严禁携带烟草和点火物品入井，是保证矿井和人身安全的必要措施。化纤衣服，是指用合成纤维纺织而成的衣料制品。由于化纤衣料绝缘电阻大，当它和人体或衣料之间发生摩擦时，就可能产生静电，其放电能量可达0.4毫焦。而静电点燃 8.5%的瓦斯空气混合物只需 0.32 毫焦，点燃 20%的氢气空气混合物只需 0.013 毫焦。因此，如果穿化纤衣服下井，遇到工作地点瓦斯浓度超限或在井下充电硐室内工作，就可能引起瓦斯、氢气的燃烧和爆炸。另外，化纤衣服易燃，万一发生火灾，还会使穿化纤衣服的人员立即被灼伤皮肤，甚至导致死亡。因此，《煤矿安全规程》专门规定，严禁穿化纤衣服入井。

2. 入井检身和人员清点制度。《煤矿安全规程》规定："煤矿企业必须建立入井检身制度和出入井人员清点制度。"实行这两种制度的目的，是对入井人员应该做到的基本要求的督促和检查，以便于当井下发生意外事故时，矿工能及时得到救援。

第二节　井下安全设施与安全标志

为了防止煤矿各种灾害的发生和阻止事故的扩大蔓延，保障安全生产，在煤矿井下就需要设置一些必需的安全设施；为了通过视觉进行安全警示，煤矿井下还必须设置各种安全标志。每个矿工都应当自觉地爱惜它、维护它，不可随意损坏。

一、井下安全设施

井下安全设施有以下几种：

1. 运输安全设施。例如：防止竖井罐笼坠罐的罐卡；防止斜井跑车的挡车器；倾斜巷道中防止跑车及防止"突发"事故的躲避硐等。

2. 防水安全设施。井底水泵房的防水闸及防水门。

3. 防火安全设施。井底车场的防火门；进风大巷的消防材料库；机电硐室的消防沙箱及灭火器；防火墙等。

4. 防爆安全设施。井下机电硐室的防爆门；井下爆破材料库两个出口能自动关闭的抗冲击波活门和抗冲击波密闭门等。

5. 防尘及隔爆安全设施。隔爆水棚、水袋（槽）、岩粉棚等。

二、井下安全标志

为了在视觉上进行安全警示，井下设置了多种安全标志，按其使用功能可分为五类，即禁止标志，警告标志，指令标志，路标、铭牌、提示标志，指导标志等（可参见书后彩插）。

1. 禁止标志。禁止标志是禁止或制止人们某种行为的标志。有“禁带烟火”“严禁酒后入井（坑）”“禁止明火作业”等16种标志。

2. 警告标志。警告标志是警告人们可能发生危险的标志。有“注意安全”“当心瓦斯”“当心冒顶”等16种标志。

3. 指令标志。指令标志是指示人们必须遵守某种规定的标志。有“必须戴矿工帽”“必须携带矿灯”“必须携带自救器”等9种标志。

4. 路标、铭牌、提示标志。路标、铭牌、提示标志是告诉人们目标、方向、地点的标志。有“安全出口”“电话”“躲避硐”等12种标志。

5. 指导标志。指导标志是提高人们思想意识的标志。有“安全生产指导标志”和“劳动卫生指导标志”两种标志。

此外，为了突出某种标志所表达的意义，在其上另加文字说明或方向指示，即所谓“补充标志”。“补充标志”只能与被补充的标志同时使用。

复习与思考题

1. 煤矿职工入井时应该主要注意哪几点？

2. 井下安全设施主要有哪几种？

3. 井下安全标志主要有哪几类？

第五章 矿井通风与灾害预防

学习目的：

要求通过本章的学习，了解矿井通风的特点，掌握矿井通风方法，熟悉矿井通风设施及作用，懂得煤矿生产对通风的要求和注意事项；通过学习和实践，掌握防治矿井瓦斯事故的手段和方法，从而减少瓦斯事故的发生；通过学习，了解矿尘的危害，掌握防治矿尘的方法，杜绝煤尘爆炸事故；熟知火灾的特点和防灭火的方法；掌握矿井发生突水前出现的预兆，熟悉防治水方法；掌握顶板管理知识，减少顶板事故的发生；掌握井下爆破工艺和爆破安全注意事项。本章是本书的重点，通过学习，使煤矿职工熟悉“一通三防”知识，理解煤矿各种灾害的发生原因，采取科学的措施，预防事故的发生，并能够在发生灾害时，进行正确的自救和互救，将伤亡和损失降到最低程度。

第一节 矿井通风

我国大多数煤矿为地下开采，煤矿井下空气稀薄，氧含量低，不适宜人的生存。同时，在煤矿生产过程中，还会有许多有毒有害气体产生，这些气体不仅会使井下空气中的氧含量降低，易造成人的窒息和中毒，而且这些气体中的大多数气体还具有爆炸性。因此，为了保证井下安全生产，那么就需要我们采取措施，源源不断地为井下输送新鲜空气，所以说，矿井通风就是利用矿井通风机来促使井下空气流动。我们说矿井通风的目的就是：①为井下人员提供新鲜空气；②稀释和排除井下有毒有害气体和矿尘；③为井下创造良好的气候条件；④提高矿井的抗灾害能力。

一、煤矿井下空气的组成、特点及要求

1. 煤矿井下空气的组成。地面新鲜空气进入煤矿井下后由于受到井下各种自然因素和生产过程的影响，其空气成分和质量都会发生一些变化，如氧含量降低、有毒有害气体浓度增高等。煤矿井下空气中除含有大气中所含有的氧气、氮气和二氧化碳外，还有甲烷、一氧化碳、二氧化碳、二氧化氮、硫化氢、二氧化硫、氢气、氨气等一些气体的存在。这些气体不但无助于人的呼吸，反而对人会产生伤害。同时，它们中的大多数气体还具有爆炸性，使井下充满爆炸性环境。

由于矿井空气质量的好坏对人的身体健康乃至矿井安全都有着重要的影响，所以我国《煤矿安全规程》对矿井空气中的主要气体的浓度都作出了明确的规定，同时要求井下采掘工作面进风流中的氧气浓度不得低于20%，二氧化碳浓度不得超过0.5%。

2. 矿井空气中常见的有毒有害气体及最高允许浓度。煤矿井下空气中有毒有害气体种类较多，但常见的主要有一氧化碳（CO）、硫化氢（H_2S）、二氧化氮（NO_2）、二氧化硫（SO_2）等。

（1）一氧化碳（CO）。一氧化碳是一种无色、无味、无嗅的有毒气体，能与空气均匀地混合。当空气中含有0.4%的一氧化碳时，人吸入后就有中毒的危险。因此，《煤矿安全规程》规定，煤矿井下一氧化碳的最高允许浓度不得超过0.002 4%。矿井空气中的一氧化碳主要来自于井下爆破、矿井发生火灾以及矿井发生瓦斯、煤尘爆

炸等方面。

（2）硫化氢（H_2S）。硫化氢属剧毒气体，它有强烈的刺激作用，人吸入后能使人患鼻炎、气管炎以及肺水肿等疾病。井下空气中硫化氢达到一定浓度时，人就有中毒死亡的危险。因此，《煤矿安全规程》规定，煤矿井下硫化氢的最高允许浓度不得超过0.000 66%。矿井空气中硫化氢的主要来源是有机物的腐烂；含硫矿物的水解；从老空区和旧巷积水中放出；我国有些矿区煤层中也有硫化氢涌出。

（3）二氧化氮（NO_2）。二氧化氮是一种褐红色的剧毒气体，有强烈的刺激气味，对眼睛、呼吸道黏膜和肺部组织有强烈的刺激及腐蚀作用，严重时可引起肺水肿，二氧化氮中毒有潜伏期，它是井

下炮烟中毒的主要原因。因此，《煤矿安全规程》规定，煤矿井下二氧化氮的最高允许浓度不得超过0.000 25%。井下空气中二氧化氮气体的主要来源是井下爆破。

（4）二氧化硫（SO_2）。二氧化硫是一种剧毒气体，它无色、有强烈的硫磺气味及酸味，对眼睛及呼吸系统黏膜有强烈的刺激作用，可引起喉炎和肺水肿。当空气中二氧化硫浓度达到0.05%时，短时间内即有生命危险。因此，《煤矿安全规程》规定，煤矿井下二氧化硫的最高允许浓度不得超过0.000 5%。井下空气中二氧化硫的来源主要是含硫矿物的氧化和燃烧；在含硫矿物中爆破，以及从含硫矿层中涌出等。

3. 矿井气候及影响。矿井气候是指矿井空气的温度、湿度和风速的状况。矿井气候条件的好坏对井下作业人员的身体健康和劳动安全有着较大影响，因此，《煤矿安全规程》规定，井下采掘工作面的最高温度不得超过26℃，机电硐室的最高温度不得超过30℃。采掘工作面最低风速不得小于0.25米/秒，最高风速不得大于4米/秒等。

二、矿井通风系统

为了把新鲜空气送到井下，并促使井下空气流动，这就要求我们要采取一系列措施来达到这一目的。这个措施就包括矿井通风方式的确立、通风方法的选择和矿井通风网络的布置，我们把三者的有机联系称为矿井通风系统，如图5—1所示。

1. 矿井的通风方式。《煤矿安全规程》规定，每一矿井必须建有独立的进风井筒和独立的回风井筒，严禁独眼井开采。因此，通风方式就是指进风井筒和回风井筒在井田内布置的相对位置。按进、回风井在井田内的相对位置不同，通风方式可分为中央式、对角式、

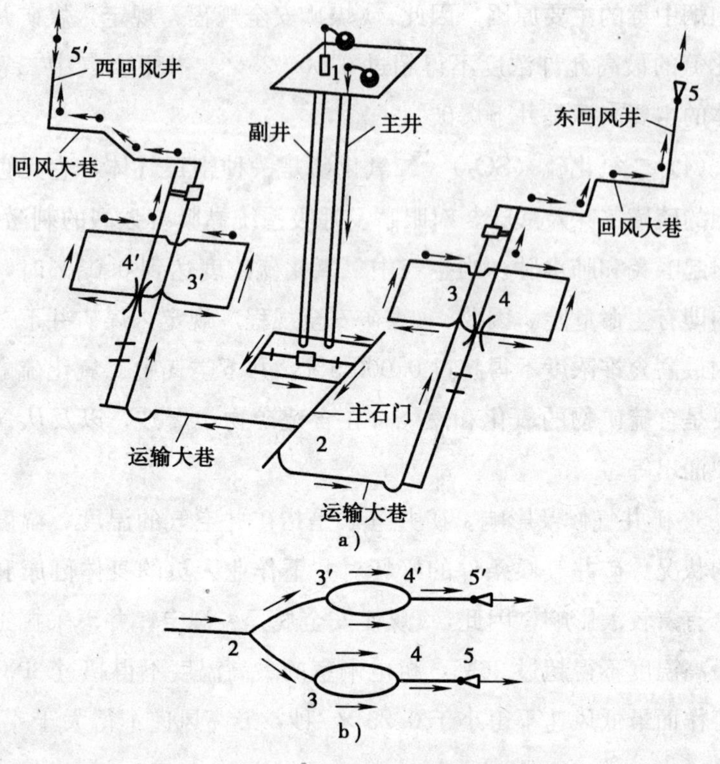

图 5—1　矿井通风系统图

区域式及混合式。

（1）中央式。中央式又分为中央并列式和中央边界式两种。

1）中央并列式。如图 5—2 所示，进风井筒和回风井筒大致并列布置在井田走向和倾斜的中央。

2）中央边界式（又称中央分裂式）。如图 5—3 所示，进风井筒大致位于井田走向的中央，而回风井筒则大致位于井田的浅部边界。

（2）对角式。对角式又分为两翼对角式和分区对角式两种。

1）两翼对角式。当矿井生产产量大，且通风路线又较长，采用中央式通风不能满足井下对风量的需要时，往往就考虑布置两翼对角式通风。两翼对角式通风就是将进风井筒大致布置在井田走向的

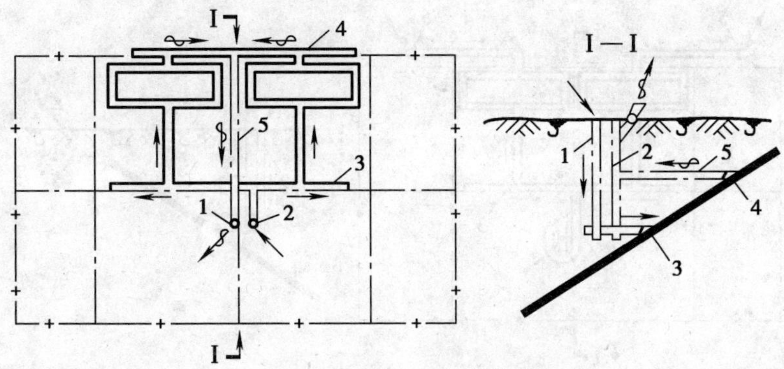

图 5—2 中央并列式

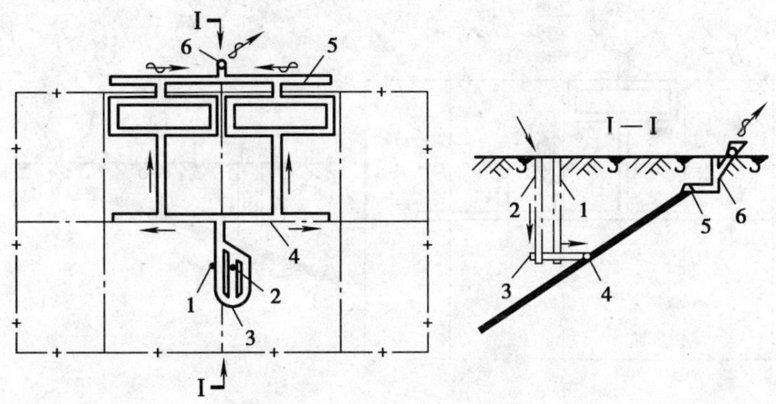

图 5—3 中央边界式

中央，而两个回风井筒则布置在井田边界的两翼（沿倾斜方向的浅部），如图 5—4 所示。

2）分区对角式。分区对角式亦指进风井筒位于井田走向的中央，而在各采区分别开掘一个回风井筒，矿井无总回风巷的布置方式，如图 5—5 所示。

（3）混合式。混合式就是由上述通风方式中两种或两种以上通风方式的混合布置的一种通风方式。如中央分列式与两翼对角混合，中央并列式与两翼对角式混合等。

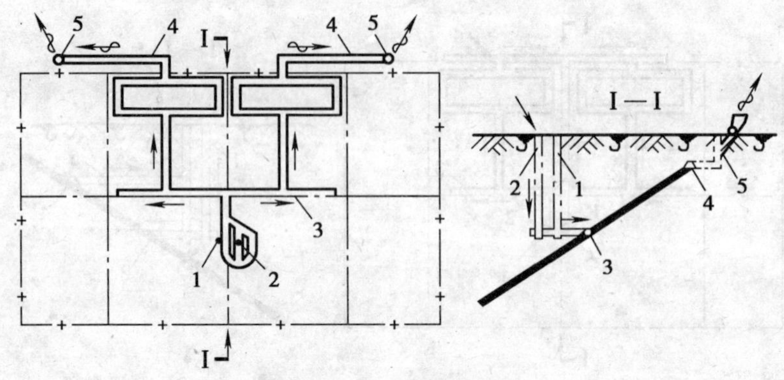

图 5—4　两翼对角式

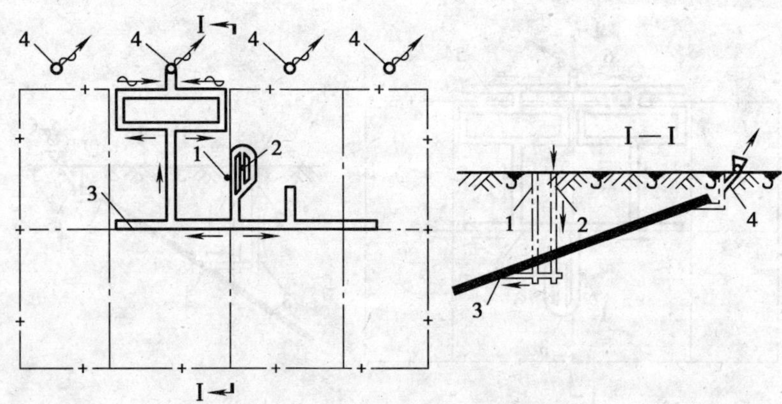

图 5—5　分区对角式

2. 通风方法。通风方法就是指矿井主要通风机的工作方式，它分为压入式、抽出式和压抽混合式。

（1）压入式通风。矿井采用压入式通风时，其主要通风机须安装在进风井口。由于通风机是往井下压风，所以矿井内的空气压力一般高于同标高的地面大气压力。我们也把这种通风方法称为正压通风。

（2）抽出式通风。抽出式通风即把主要通风机安装在回风井口。采用抽出式通风时，由于通风机是从井下往外抽风，所以造成了矿

井内的空气压力低于同标高的地面大气压力，处于负压状态，为此，我们把这种通风方法称为负压通风。

(3) 压抽混合式通风。压抽混合式通风，就是上述两种方法的混合运用。

3. 通风网络。矿井通风网络，简单讲就是风流在井巷中的流动路线。因此，它按照井巷的基本连接形式分为串联通风、并联通风和角联通风三种。

(1) 串联通风及其特点。串联通风又称一条龙通风，就是两个或两个以上的风路首尾相接地进行通风，中间没有分支风路，称为串联通风，如图 5—6 所示。

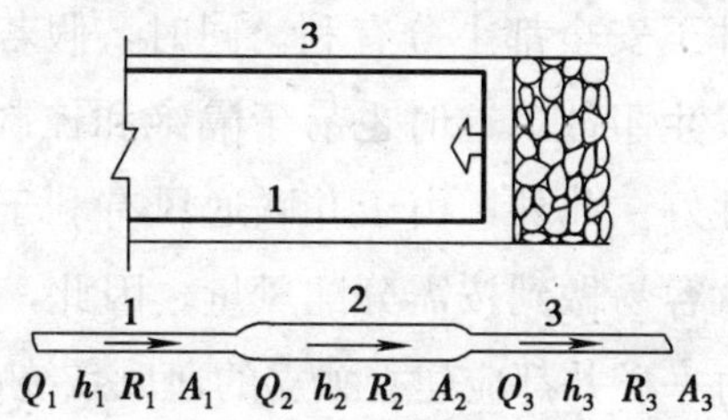

图 5—6 串联通风

这种通风方式，缺点较多，如风路总风阻较大，因而造成通风困难，同时，采用串联通风时，前段巷道的污风要进入后段巷道，这就使后段巷道不能获得新鲜风流。特别是当串联风路中如某一地点发生事故时，就容易波及整个风路，使得灾害范围扩大。所以，串联通风的安全性很差。又由于这种通风网路对各工作地点的风量不能进行调节，所以不能有效地利用风量。所以《煤矿安全规程》对井下串联通风作了特别规定和限制。

(2) 并联通风及其特点。并联通风又称分区通风，就是两个或两个以上的风路各有其独立的进、回风路，而其中间没有交叉相通的巷道，这种巷道布置就称为并联通风，如图 5—7 所示。

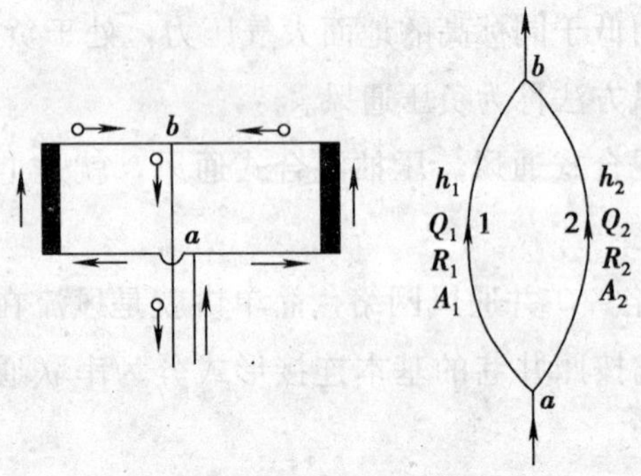

图 5—7 并联通风

并联通风与串联通风相比，通风阻力小，通风容易，所用通风费用较低。尤其是并联网路中各个分支风路都有独立的新鲜风流，这对人的健康和井下安全都十分有利。同时，假若在并联风路中即便有一分支风路发生事故，这时也易于隔绝和控制，不致影响到其他风路，其安全性好。此外，由于并联通风有利于风流的控制和风量的调节，这样就容易做到按需分配风量。因此，《煤矿安全规程》为此作出规定，每一矿井都应建立独立的通风系统，实行分区通风。

（3）角联通风及其特点。角联通风就是在并联的两条巷道之间，用一条或数条巷道将其连通，这样的联结形式就叫做角联通风，如图 5—8 所示，B—C 巷道即为角联通风。

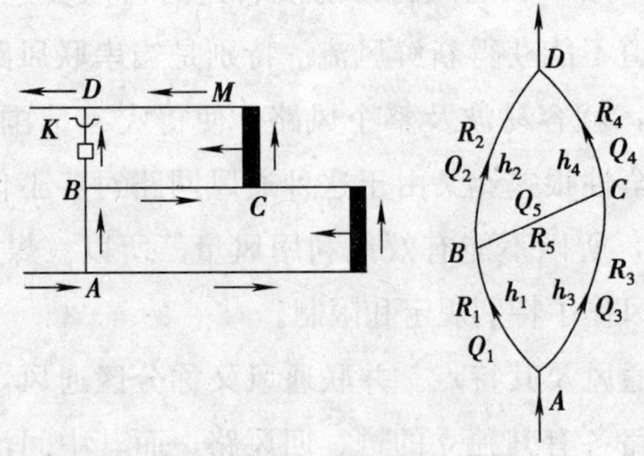

图 5—8 角联通风

由于角联巷道是布置在两条并联的巷道之间，所以，角联风路中的风流方向是不稳定的，有时巷道内还会出现微风甚至无风，这样，就容易造成瓦斯积聚，氧含量低等，因而易发生事故。所以，在煤矿通风系统中要力求避免出现这种通风网路。

三、矿井风量的确定

矿井风量的确定就是如何合理地确定矿井所需风量，以满足井下安全生产的需要。矿井所需风量通常用以下三种方法计算，然后取其最大值，经风速验算并合理后，才能作为矿井配风的依据。矿井风量计算方法如下：

1. 按井下同时工作的最多人数计算，每人每分钟不得少于 4 立方米的新鲜风，即

$$Q_{人}=4NK$$

式中 $Q_{人}$——矿井所需的总进风量，立方米/分钟；

N——井下同时工作的最多人数；

4——《煤矿安全规程》规定的井下人员的供风标准，立方米/分钟；

K——矿井风量备用系数，一般取 1.2～1.25。

2. 按采煤、掘进、硐室及其他地点实际需要风量的总和进行计算，即

$$Q_{需}=(\sum Q_{采}+\sum Q_{掘}+\sum Q_{硐}+\sum Q_{其他})K$$

式中 $Q_{需}$——矿井所需的总进风量，立方米/分钟；

$\sum Q_{采}$——所有采煤工作面实际需要风量的总和，立方米/分钟；

$\sum Q_{掘}$——所有掘进工作面实际需要风量的总和，立方米/分钟；

$\sum Q_{硐}$——所有硐室实际需要风量的总和，立方米/分钟；

$\sum Q_{其他}$——矿井内除采煤、掘进、硐室外的其他地点所需风量的总和，立方米/分钟；

K——矿井通风系数，取 1.2～1.25。

而对每一采煤或掘进工作面的实际需要风量应按以下方法分别计算：

(1) 按工作面的实际人数计算：

$$Q=4N\text{（立方米/分钟）}$$

(2) 按稀释瓦斯计算：

$$Q=100Q_{CH_4}K\text{（立方米/分钟）}$$

式中 Q_{CH_4}——采煤工作面的绝对瓦斯涌出量，立方米/分钟；

K——采煤工作面的通风系数，一般是通过实际考察确定，可取 1.2～2.1；

100——绝对瓦斯涌出量为 1 立方米时的所需风量。

(3) 按稀释炮烟计算：

$$Q=25A\text{（立方米/分钟）}$$

式中 25——每千克炸药爆炸后，为稀释炮烟而需要的供给风量，立方米/分钟；

A——工作面一次爆破所用的最大炸药量，千克。

(4) 风速验算：

在按上面的计算方法计算风量后，找出一个最大值作为矿井供风的标准，然后再按照风速的要求进行风速验算并满足下式要求，即

$$0.25S\leqslant Q\leqslant 4S$$

式中 0.25、4——分别为《煤矿安全规程》所规定的采掘工作面允许的最低和最高风速，米/秒；

S——巷道的平均断面积，平方米。

四、矿井通风设施

我们通常把为了引导、隔断和控制风流而修筑的通风构筑物称作通风设施。

1. 矿井通风设施的种类。包括风门、风桥、风硐、风窗、挡风墙等。

2. 通风设施的作用：

（1）隔断进、回风风流，防止风流短路。

（2）引导风流沿着需要的方向和路线流动，对风流方向进行控制。

（3）按需风地点的需风量进行配风，不让全部风流通过，只允许部分风流流过。

（4）当井下发生灾害时实现反风，以防止灾害范围扩大。

（5）防止采空区或旧巷内的有毒有害气体向井下空间内逸出和扩散。

（6）防止向采空区和旧巷内漏风。

3. 通风设施的设置要求：

（1）矿井进、回风井之间和主要进、回风巷之间的每个联络巷中须建筑永久性挡风墙。

（2）需要使用的联络巷，为防止行人及反风时风流短路，按要求必须建筑不少于 2 道的正向和反向的永久性风门。

（3）与采空区连通的所有巷道，必须建筑永久性挡风墙。

（4）行人、行车巷道，采区之间联络巷，采区进、回风巷的联络巷，一般根据通风设施服务时间的长短及作用，建永久性或临时性挡风墙或风门。

（5）为避免风流短路，水平交叉的进、回风巷一般设有风桥，以便将进风流与回风流隔开。

五、采区通风

1. 采区通风系统。采区通风系统是采区生产系统的重要组成部分，它包括采区进、回风巷和工作面进、回风巷的布置方式、采区通风路线的连接形式、工作面通风方式，以及采区内的通风设施等。采区通风系统主要取决于采区巷道布置和采煤方法。

2. 对采区通风的基本要求：

（1）采区必须有单独的回风巷，实行分区通风。除有瓦斯喷出和煤与瓦斯突出的矿井之外，对于其他矿井的回采工作面之间、掘进工作面之间以及回采与掘进工作面之间，布置独立通风有困难时，在制定措施后，可采用串联通风，但串联的次数不得超过1次，并必须在进入被串联工作面的风流中装设甲烷断电仪，且瓦斯和二氧化碳浓度都不得超过0.5%。

(2) 在采区通风系统中，要保证风流流动的稳定性，尽可能避免对角风路或复杂通风网路的出现。

(3) 在采区通风系统中，应力求通风系统简单，以便在发生事故时易于控制风流和撤退人员。对于必须设置的通风设施和通风设备，其位置选择要适当，并保证规格质量。

(4) 在采区通风系统中，要力求做到通风阻力小，通风能力大，风流畅通，风量分配合理等。

(5) 在采区通风系统中，要避免或减少采区漏风。

3. 采区通风管理中的注意事项：

(1) 根据采区的地质条件和开采技术条件，合理确定采区风量，并按实际情况合理地分配到采掘工作面、硐室等各工作地点。在生产条件变化的情况下，及时有效地进行局部风量调节。

(2) 按照《煤矿安全规程》规定，进行经常性的采区风量和风速的检查，发现问题及时上报处理。

(3) 有计划地进行采区通风阻力检查与测定，及时掌握采区通风网路中阻力分布状况。对阻力较大的区域和地点采取相应措施，改善采区通风系统，减少阻力，保证采区正常通风。

(4) 按照《规程》要求，组织通风安全各项检查工作，包括测定空气成分、湿度和温度、有害气体含量、空气含尘量等，以保证采区有良好的作业环境。

(5) 加强对火区的检查，掌握自然发火区域的变化情况，应定期对封闭区内的空气成分和温度进行检查分析。加强防火墙的管理，检查有无裂缝及漏风情况，发现问题，应及时采取补救措施。

六、巷道掘进通风

1. 巷道掘进通风方法。《煤矿安全规程》规定，所有掘进巷道都必须采用局部通风机通风或矿井全风压通风，禁止采用扩散通风。因此，巷道掘进通风的方法，按照通风动力形式的不同，分为局部通风机通风、矿井全风压通风和引射器通风。其中局部通风机通风最为常用。

(1) 局部通风机通风。局部通风机通风的方法有压入式、抽出式和混合式。

1) 压入式通风。压入式通风如图 5—9 所示，将局部通风机及其附属装置安装在离掘进巷道口 10 米以外的进风侧，新鲜风流经风筒输送到掘进工作面，污风则沿掘进巷道排出。

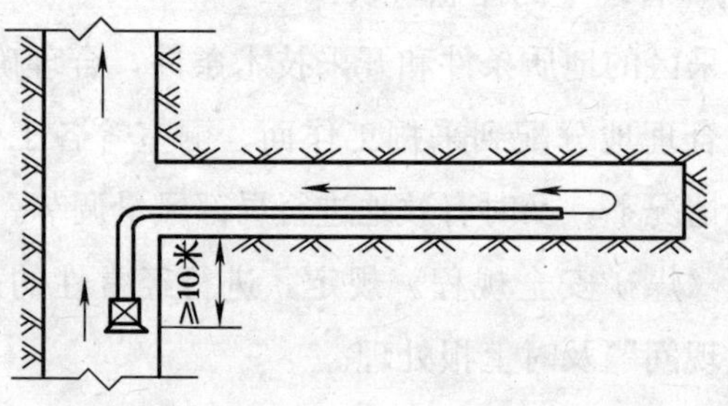

图 5—9　压入式通风

2) 抽出式通风。抽出式通风如图 5—10 所示。局部通风机安装在距掘进巷道 10 米以外的回风侧，新鲜风流沿巷道流入，污风则通过风筒由局部通风机抽出。

3) 混合式通风。混合式通风是压入式和抽出式两种通风方法的联合运用，其中采用压入式通风方法向工作面提供新鲜风流，而用抽出式通风方法从工作面排出污风。按局部通风机和风筒的布设位置，分为长压短抽、长抽短压和长抽长压三种。

4) 压入式与抽出式通风方法的优缺点：①压入式通风，局部通

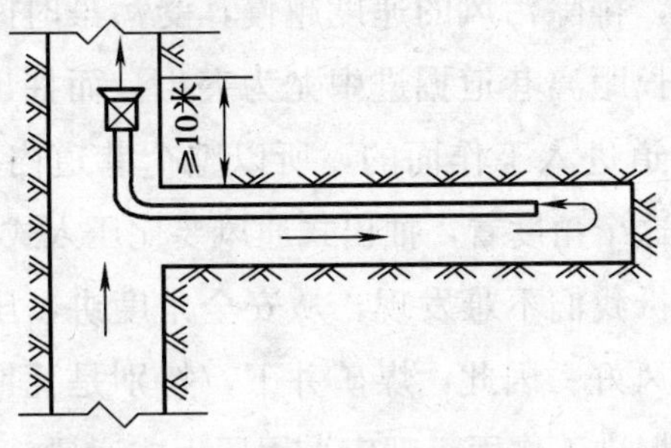

图 5—10　抽出式通风

风机及其附属电气设备均布置在新鲜风流中，污风不通过局部通风机，所以安全性好；而抽出式通风，若污风中含有瓦斯，当污风通过局部通风机时，如果局部通风机不具备防爆性能或防爆性能不好，则就容易发生瓦斯燃烧和爆炸事故，因此，是非常危险的。②压入式通风，无论是风筒出风口的风速还是风流的有效射程都较抽出式大，这样就可防止瓦斯的积聚。同时，因风速较大而使工作面的散热效果也好。而抽出式通风因有效吸程小，所以，这就要求风筒出风口距掘进工作面较近。然而掘进施工中又难以保证风筒吸风口到工作面的距离在有效吸程之内，这样就很难将工作面中的有毒有害气体排除干净而造成积聚。又由于抽出式通风风量小，工作面排除污风所用的时间较长、速度慢，因而会影响生产进度。③采用压入式通风时，巷道壁涌出的瓦斯会随风流向远离工作面的方向流动；而抽出式通风，巷道壁涌出的瓦斯是随风流流向工作面，易造成瓦斯积聚，所以安全性较差。④压入式通风可使用柔性风筒。柔性风筒重量轻，便于安装和运输，且成本也较低；而抽出式通风必须使用刚性或带刚性骨架的可伸缩风筒，它不仅重量大，安装运输不方便，且成本也高。⑤采用压入式通风时，由于污风是沿着巷道向外缓慢排出的，所以，巷道内的空气污染较严重，对在巷道中部工作的人员来讲，将较长时间吸入污风，对身体将受到一定的伤害。而且掘进巷道越长，排除污风的速度越慢，受污染时间也越长，这种情况在大断面、长距离巷道掘进中尤为突出。而抽出式通风，由于新鲜风流是沿巷道进入工作面的，所以整个巷道内空气比较清新，劳动环境好，从这个角度看，抽出式通风要比压入式通风好。

通过上面分析我们不难发现，从安全角度讲，压入式掘进通风比抽出式掘进通风好。因此，煤矿井下，特别是瓦斯矿井，使用局部通风机通风的掘进工作面，都应采用压入式通风。

（2）矿井全风压通风。矿井全风压通风就是利用矿井主要通风机所产生的能量，借助导风设施把新鲜空气送入掘进工作面。它主要包括利用风筒导风、利用平行巷道导风、利用钻孔导风和利用风障导风。

1）风筒导风。如图 5—11 所示，在巷道内设置挡风墙，截断主导风流，用风筒把新鲜空气引入掘进工作面，污浊空气则从独头掘进巷道中排出。这种方法工程量小，风筒安装、拆卸比较方便，它常用于需风量不大的短巷掘进通风中。

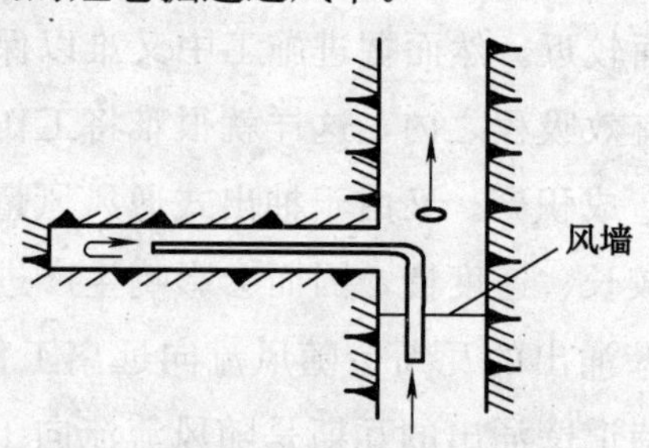

图 5—11 风筒导风

2）平行巷道导风。如图 5—12 所示，在掘进主巷的同时，在附近掘一条与其平行的配风巷，每隔一定距离在主、配巷之间开掘联络巷，形成贯穿风流。当新的联络巷沟通后，旧联络巷即封闭。两条平行巷道的独头部分可用风障或风筒导风，巷道的其余部分用主巷进风，配巷回风。此方法常用于煤巷掘进，尤其是厚煤层的采区巷道掘进中，当运输、通风等需要掘双巷时。此法也常用于解决长巷掘进独头通风的困难。

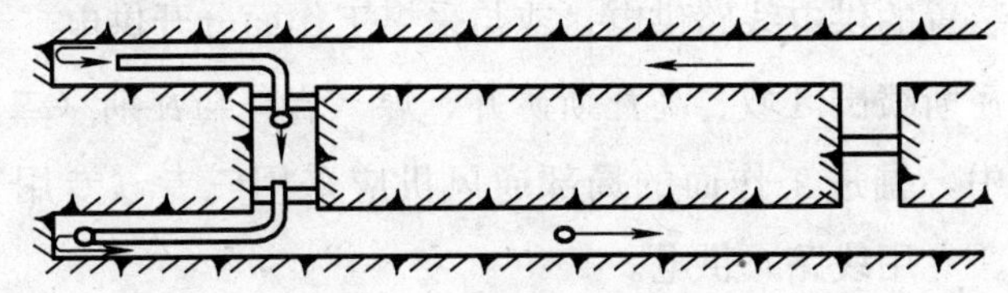

图 5—12　平行巷道导风

3）钻孔导风。在离地表或邻近水平较近处掘进长巷反眼或上山时，可用钻孔提前沟通掘进巷道，以便形成贯穿风流。为克服钻孔阻力，增大风量，可用大直径钻孔（300～400 毫米）或在钻孔口安装风机。这种通风方法曾被应用于煤层上山的掘进通风，取得了良好的排瓦斯效果。

4）风障导风。如图 5—13 所示，在巷道内设置纵向风障，把风障上游一侧的新风引入掘进工作面，污风从风障下游一侧排出。

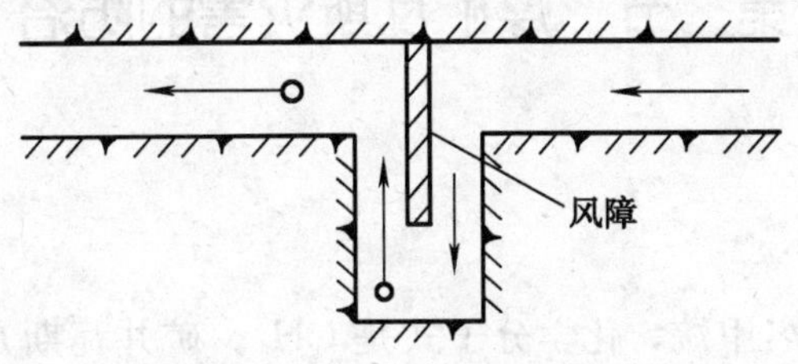

图 5—13　利用风障导风

2. 掘进通风的安全要求：

（1）局部通风机必须由指定人员负责管理，保证正常运转。

（2）压入式局部通风机和启动装置，必须安装在进风巷道中，距掘进巷道回风口不得小于 10 米；全风压供给该处的风量必须大于局部通风机的吸入风量。

（3）必须采用抗静电、阻燃风筒。风筒口到掘进工作面的距离必须符合规定值，煤巷掘进一般不大于5米。

(4) 低瓦斯矿井掘进工作面的局部通风机，可采用装有选择性漏电保护装置的供电线路供电，或与采煤工作面分开供电。

(5) 瓦斯喷出区域、高瓦斯矿井、煤（岩）与瓦斯（二氧化碳）突出矿井中，掘进工作面的局部通风机应采用三专（专用变压器、专用开关、专用线路）供电。

(6) 严禁使用3台以上的局部通风机同时向1个掘进工作面供风。也不得使用1台局部通风机同时向2个作业的掘进工作面供风。

(7) 使用局部通风机通风的掘进工作面，不得停风；因检修、停电等原因停风时，必须撤除人员，切断电源。

(8) 恢复停风巷道的通风前，必须检查瓦斯。只有在局部通风机及其开关附近10米以内风流中的瓦斯浓度都不超过0.5%时，方可人工开启局部通风机。

第二节　煤矿瓦斯灾害的防治

一、概述

瓦斯，学名甲烷，化学分子式是CH_4。矿井瓦斯是伴随煤炭生成的一种气体。

大约在2亿多年以前，地球上生长着广袤的成煤植物，这些植物易于生长也易于死亡，生命周期很短。随着地壳的沉降，死亡的植物逐渐被埋到沼泽地中直至地下。有机物在隔绝外部氧气进入的条件下，在其本身含有的氧气和微生物的作用下进行着缓慢的氧化分解，瓦斯开始生成，我们把这一阶段称为生物分解阶段。但由于这一过程发生在地表附近，此时生成的瓦斯基本上都逸散到了大气当中。随着地层沉积厚度的不断增加，生物化学作用终止，成煤过程开始了漫长复杂的变质过程。即在高温高压的作用下，植物中的挥发成分不断减少，固定碳不断增加，大量瓦斯也随之生成。虽然这一过程生成的瓦斯绝大部分散失于大气中，但仍有少量瓦斯保留在了煤系地层当中。在煤炭开采时，这些瓦斯就会源源不断地向采掘空间涌出。

1. 瓦斯的性质及特点：

（1）瓦斯是一种无色、无味、无嗅的气体，利用人体感官很难鉴别空气中是否有瓦斯存在，所以，检测瓦斯时必须要使用专门的检测仪器。

（2）瓦斯比空气轻，所以瓦斯易在高处积存。

（3）瓦斯难溶于水，如果煤层中有较大的含水裂隙或流通的地下水通过时，经过漫长的地质年代，就能从煤层中带走大量瓦斯，降低煤层中的瓦斯含量。

（4）瓦斯的扩散能力很强。生产中若有瓦斯从某一地点向外涌出，它就能很快在巷道中扩散。又由于瓦斯分子直径很小，所以，瓦斯的渗透能力又很强，因此，已封闭的采空区内的瓦斯仍能不断地渗透到矿内空气中。

（5）瓦斯无毒，但不能供人呼吸，当空气中的瓦斯浓度较高时会相对降低空气中的氧含量，从而造成人的窒息。同时，矿井瓦斯中含有的乙烷和丙烷还有轻微的麻醉性，在矿井通风不良或不通风的煤巷中，往往积存大量的瓦斯，人如果进入到这些地点，能很快造成昏迷、窒息，甚至死亡。

（6）瓦斯具有燃烧性和爆炸性。瓦斯与空气混合达到一定浓度后遇火能燃烧或爆炸。

（7）瓦斯引燃有延迟性。因瓦斯的热容量较大，当瓦斯与高温火源接触时并不会立刻发生燃烧，而是要经过一定的时间才能发生燃烧，这种现象就叫瓦斯点燃的延迟性，间隔的这段时间就称瓦斯爆炸感应期。感应期的长短与瓦斯浓度、火源温度和火源性质等有关。

2. 瓦斯在煤层中的赋存状态。煤体之所以能保存瓦斯与煤的结构有密切关系。煤是一种复杂的孔隙性介质，有着十分发达的、各种不同直径的孔隙和裂隙，形成了庞大的自由空间和孔隙表面。因此，煤炭在成煤过程中生成的瓦斯就能以游离状态和吸附状态存在于这些孔隙和裂隙中，如图 5—14 所示。

（1）游离状态的瓦斯。游离状态也叫自由状态，这种状态的瓦

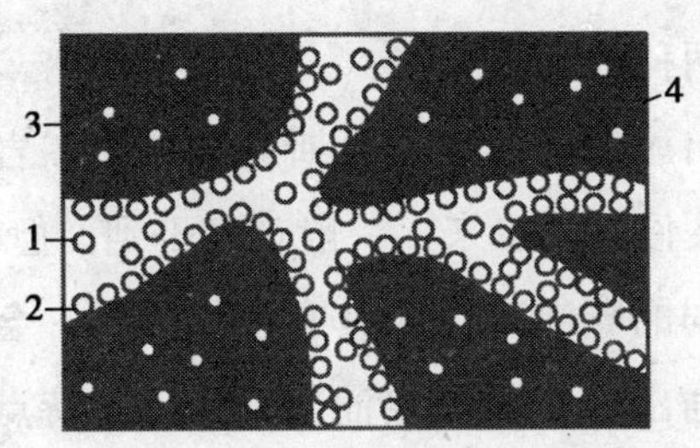

图 5—14　瓦斯在煤层中的赋存状态

1—游离状态瓦斯　2—吸附状态瓦斯　3—吸收状态瓦斯　4—煤层

斯以自由流动的形式存在于煤体或围岩的裂隙和孔隙中。

（2）吸附状态的瓦斯。吸附状态又称结合状态。吸附状态按其结合形式的不同，又可分为吸着和吸收两种状态。吸着状态是在孔隙表面的固体分子引力作用下，气体分子被紧密地吸附丁孔隙表面上，形成很薄的吸附层。吸收状态，则是气体分子已进入煤分子团的内部，它和气体溶解于液体中的现象十分相似。

应指出的是，这两种状态的瓦斯是处在不断变化的动平衡之中，在一定的客观条件下又具有其相对稳定性。当温度、压力等外界条件发生变化时，其相对稳定性就会遭到破坏。如当压力升高、温度降低时，部分游离状态的瓦斯将会转化为吸附状态，这种现象叫做吸附。反之，如果压力降低、温度升高时，又有部分吸附状态的瓦斯转化为游离状态，这种现象叫做解吸。

在煤层内，吸附的瓦斯量约占煤层瓦斯含量的 80%～90%。但是在断层、孔洞和砂岩内，主要为游离瓦斯。如果瓦斯的压力较高，采掘工作接近这些地点时，瓦斯在压力的作用下就能突然大量涌出，造成事故。

二、矿井瓦斯涌出形式及涌出量

1. 矿井瓦斯涌出形式。瓦斯从煤层或围岩中涌出的形式有普通涌出和特殊涌出两种。

（1）普通涌出。普通涌出是瓦斯通过煤体和岩体的微细裂隙从其表面上均匀而缓慢地涌出来，一般观察不到。但在湿润的煤壁上，有时可以听到微弱的嘶嘶声，尤其有水的时候，会冒出气泡。普通涌出是矿井瓦斯涌出的一种主要涌出形式，其特点是范围大、时间长、涌出量均匀、涌出速度缓慢。

（2）特殊涌出。特殊涌出包括瓦斯喷出和瓦斯突出。瓦斯喷出是指大量瓦斯在压力状态下，从煤岩裂缝中突然喷出。瓦斯突出是在极短时间内（几秒到几分钟），采掘工作面的煤、岩壁突然遭到破坏，并从煤、岩层内以极快的速度向采掘空间内喷出煤（岩）和瓦斯，使煤（岩）体内形成某种特殊形状的孔洞。

2. 矿井瓦斯涌出量。矿井瓦斯涌出量是指矿井在正常生产过程中涌入巷道的瓦斯量。这种瓦斯涌出量不包括特殊涌出的瓦斯量。矿井瓦斯涌出量和矿井瓦斯涌出形式是确定矿井瓦斯等级，决定瓦斯管理制度，计算矿井风量和矿井设计等方面的依据。

矿井瓦斯涌出量的大小受各种因素影响，特别是和生产过程有密切关系。在煤层赋存条件相同情况下，生产规模大和产量高的矿井，瓦斯涌出量就大。

瓦斯涌出量的大小，决定于自然因素和开采技术因素的综合影响。如煤、岩的瓦斯含量、煤的物理化学特性、开采规模、开采顺序、落煤方式、通风系统、地面大气压的变化、风压和风量的变化等。

为加强矿井瓦斯管理，我国煤矿按照矿井相对瓦斯涌出量和绝对瓦斯涌出量的大小，以及瓦斯的涌出形式将矿井瓦斯等级划分为低瓦斯矿井、高瓦斯矿井和煤（岩）与瓦斯（二氧化碳）突出矿井。

三、瓦斯燃烧与爆炸

1. 瓦斯燃烧。瓦斯燃烧有两种情况。一是瓦斯与空气混合后，瓦斯浓度在5%以下时遇火即能燃烧。这种燃烧现象，是瓦斯围绕火源周围进行，发出淡蓝色的火焰，但没有足够的热量向外传播火焰，使全部混合气体中的瓦斯燃烧。二是瓦斯浓度在16%以上时，遇火也能燃烧，但此时由于氧含量不足，形成一种不完全燃烧。当有新鲜空气供给时，瓦斯和空气的混合气体与新鲜空气在接触面上遇火燃烧。

2. 瓦斯爆炸。瓦斯爆炸是瓦斯燃烧的特殊反应形式，即在极短的时间内，使参与反应的大量瓦斯全部或大部分被氧化，造成热量积聚，在爆源附近形成高温、高压，然后急剧向外扩散，产生巨大的冲击波和声响。

（1）瓦斯爆炸的必要条件。瓦斯爆炸必须同时具备三个条件，一是空气中的瓦斯浓度达到5%～16%时，二是引爆火源在650～750℃以上，三是空气中的氧含量大于12%。这三个条件必须同时具备、同时存在瓦斯才能发生爆炸。但是，由于煤矿井下其他可燃性可爆性气体的存在，以及爆炸性煤尘的混入等都会影响瓦斯爆炸的浓度范围，一般情况下会使瓦斯爆炸的下限浓度降低，上限浓度上升。这也说明了，为什么有的矿井尽管瓦斯浓度低于5%时，仍然会发生瓦斯爆炸。

（2）瓦斯爆炸的危害性：

1）瓦斯爆炸会产生高温。因井下巷道呈半封闭状态，因此，瓦斯爆炸产生的高温可达1 850℃以上。瓦斯爆炸产生的高温虽然持续时间很短，但这足以使井下人员发生严重烧伤，甚至死亡，同时高温还会引起矿井火灾。

2）瓦斯爆炸会形成很高的大气压力。由于爆炸使气体的温度骤然升高，从而使气体膨胀引起气体压力的突然增大而产生高压，远远超过人体所能承受压力的极限，造成人员伤亡。

3）瓦斯爆炸会产生很强的冲击波。爆炸时产生的高温高压，促使爆源附近的气体和爆炸火焰以极高的速度（每秒几百米至数千米）向外冲击，而形成冲击波。冲击波的破坏性很大，有时会造成矿毁人亡。

4）瓦斯爆炸会产生大量的有毒有害气体。瓦斯爆炸后产生的大量有毒有害气体中，对人体危害最大的是一氧化碳。空气中一氧化碳浓度达到0.4%时，人就将很快中毒死亡。

(3) 煤矿瓦斯爆炸事故的一般规律。根据国内外煤矿发生的瓦斯爆炸统计资料，可以得出下列结论：

1）井下的一切高温热源都可以引起瓦斯燃烧或爆炸，但主要火源是井下放炮火焰和机电火花。

2）煤矿任何地点都有发生瓦斯爆炸的可能性，但绝大部分瓦斯爆炸事故发生在采掘工作面。

3）采煤工作面容易发生瓦斯爆炸的地点主要是工作面的上隅角。

4）采煤工作面另一容易发生爆炸事故的地点是采煤机工作时切割机构附近。

5）掘进工作面较易发生瓦斯爆炸的原因大多是由于通风不良而造成了瓦斯积聚。当瓦斯浓度达到爆炸浓度时，遇火即会发生爆炸。

6）大多数瓦斯爆炸是人为因素造成的，与生产工艺水平关系不大。

四、预防瓦斯爆炸事故的措施

瓦斯事故重在预防。为了有效地预防瓦斯爆炸事故的发生，在日常的生产中应做好以下工作。

1. 防止瓦斯积聚。防止瓦斯积聚应重点做好以下工作：

（1）加强通风。加强通风是防止瓦斯积聚的重要手段，为此，生产中要做好以下通风管理工作：

1）矿井必须有完整的独立通风系统。采区进、回巷必须贯穿整个采区，严禁一段为进风巷、一段为回风巷。

2）采、掘工作面应实行独立通风。若同一采区内，同一煤层上下相连的两个同一风路中的采煤工作面、采煤工作面与其相连接的掘进工作面、相邻的两个掘进工作面，布置独立通风有困难时，制定措施后，可采用串联通风，但串联通风的次数不得超过1次。还必须在进入被串联工作面的风流中装设甲烷断电仪，其瓦斯和二氧化碳浓度都必须小于0.5%。

3）开采有瓦斯喷出或有煤（岩）与瓦斯（二氧化碳）突出危险的煤层时，严禁任何两个工作面之间串联通风。

4）有煤（岩）与瓦斯（二氧化碳）突出危险的采煤工作面不得采用下行通风。

5）临时停工的地点，不得停风；否则必须切断电源，设置栅栏，揭示警标，禁止人员入内。

6）严禁在停风或瓦斯超限的区域内作业。

(2) 及时处理局部积存的瓦斯。井下容易积存瓦斯的地点主要有：采煤工作面的上隅角、冒顶空洞内、低风速巷道的上顶、停风的盲巷、采空区边界处以及截槽中等。处理局部积存的瓦斯，是矿井日常瓦斯管理工作的重要内容。其处理措施就是采取有效手段提高瓦斯积聚地点的风速，增大风量以稀释和排除瓦斯，其常用的处理方法有：

1）采煤工作面上隅角局部积聚瓦斯的处理可采用风障引导风流法、水力引射器处理法、尾巷排放法、沿空留巷排除法、充填置换法等。

2）巷道冒落空间局部积聚瓦斯的处理方法主要有导风板引风法。

(3) 加强瓦斯检查。做好瓦斯检查工作，是及时了解瓦斯涌出情况、及早发现局部瓦斯积聚的唯一手段。因此，瓦斯检查工作只能加强，不能松懈。并做到：

1）瓦斯检查员必须按规定的巡回检查路线进行检查，并按《煤矿安全规程》规定，低瓦斯矿井每班至少检查两次，高瓦斯矿井每班至少检查三次，严禁空班漏检和假检。安装瓦斯监控系统的矿井，要发挥其连续监控的作用，现场人员要正确使用和维护好瓦斯传感器。

2）当采掘工作面及其他作业地点风流中的瓦斯浓度达到1%时，必须停止用电钻打眼。爆破地点附近20米以内风流中瓦斯浓度达到

1%时，严禁爆破。

3）当采掘工作面及其他作业地点风流中、电动机或其开关安设地点附近20米以内风流中的瓦斯浓度达到1.5%时，必须停止工作，切断电源，撤除人员，进行处理。

4）采区回风巷、采掘工作面回风巷风流中瓦斯浓度超过1%时，必须停止工作，撤除人员，采取措施，进行处理。

5）采掘工作面及其他巷道内，体积大于0.5立方米的空间内积聚的瓦斯浓度达到2%时，附近20米内必须停止工作，撤除人员，切断电源，进行处理。

2. 杜绝引爆火源的产生。火，是引起瓦斯爆炸的罪魁祸首。杜绝引爆火源，是防止瓦斯爆炸的根本性措施。因此，井下生产的各个环节，都要做好防范工作，切不可麻痹大意、违章操作，更不可存有侥幸心理。要牢固树立安全第一思想，提高安全生产意识。井下引起瓦斯爆炸的火源主要有井下使用电、气焊、电流短路产生的电弧、电气火花、井下爆破火焰、井下吸烟、撞击火花和摩擦生热等。要珍爱自己和他人的生命，就要防止这些火源的产生。

3. 发生瓦斯爆炸时现场人员的行动原则。理论和经验都证明，当井下发生瓦斯爆炸时，一般都会伴有强大的爆炸声和连续的空气震动等现象，即所谓的瓦斯爆炸预兆，如现场人员遇到这种情况时一定不要惊慌失措，乱喊乱跑，应立即采取以下方法避险：

（1）发现瓦斯爆炸事故预兆后，应立即背朝声响和气浪传来的方向迅速卧倒。

（2）立即屏住呼吸，用湿毛巾捂住口鼻，防止吸入有毒气体和高温气体。

（3）待爆炸波过后，要迅速戴好自救器，尽快进入新鲜风流中，脱离灾区。

(4) 若无法逃离灾区时，也不要坐以待毙，应立即选择安全地点躲避，实施避灾，等待救援。

(5) 待援时，应不时地发出呼救信号，以提示救护人员注意，争取尽快脱险。

这里应该给大家指出的是，瓦斯爆炸预兆持续时间非常短暂，所以，这就要求大家在工作时要精神集中，提高警惕性，在事故发生时真正做到稳而不乱，及时应对。

五、煤（或岩）与瓦斯（或二氧化碳）突出

在我国还有许多煤矿存在煤（或岩）与瓦斯（或二氧化碳）突出的危险性。尽管时至今日，我们还无法完全弄清发生煤（或岩）与瓦斯（或二氧化碳）突出的原因。但通过长期的生产实践，我们还是基本掌握了一些突出的机理，特别是发生煤与瓦斯突出的规律和预兆有了较高的认识，这对我们预防煤与瓦斯突出事故的发生，防止和减少事故造成的损失，都起到了重大作用。

煤（或岩）与瓦斯（或二氧化碳）突出是指在地应力和瓦斯的共同作用下，在极短的时间内破碎的煤（或岩）和瓦斯（或二氧化碳）由煤体内突然喷出到采掘空间的现象，它是一种复杂的动力现象。它是严重威胁煤矿安全生产的主要灾害之一，不仅会破坏井巷，破坏通风系统，同时它还会造成井下人员的窒息和瓦斯爆炸事故。因此，我们对此灾害必须予以高度重视。

1. 煤与瓦斯突出的一般规律：

(1) 突出一般多发生在一定的采掘深度以后。

(2) 突出多发生在地质构造附近。

(3) 突出多发生在集中压力区。

(4) 突出的次数和强度随煤层厚度特别是软分层厚度的增加而

增加。同时，煤层倾角越大，突出的危险性也越大。

（5）突出与煤层中的瓦斯含量和压力没有固定的关系。

（6）大多数突出发生在落煤工序时，放炮震动更容易引起突出。

2. 突出前的一般预兆。煤（或岩）与瓦斯（或二氧化碳）突出前一般会发生以下预兆：

（1）有声预兆：煤体和支架的压力增大；煤壁移动加剧；煤壁向外鼓出；掉渣；煤块迸出；破裂声；煤炮声；闷雷声。

（2）无声预兆：煤质变得干燥，光泽暗淡，层理紊乱；瓦斯涌出量增大或忽大忽小；煤尘增多；气温降低；打钻时出现顶钻或夹钻等。

上述预兆在突出事故发生前并不是都会显现，有时可能出现其中一种、两种或多种。生产中如遇到这些现象时，要立即停止工作，切不可冒险作业，以防事故的发生。

3. 预防煤与瓦斯突出事故的措施。我国煤矿在长期的生产实践中，特别是在防治煤与瓦斯突出事故方面，取得了很多好的经验，如“四位一体防突措施”就是其中一项。“四位一体防突措施”就是指：突出危险性预测、防治突出措施，防治突出措施的效果检验和安全防护措施。具体含义是，对有突出危险性的矿井，采前进行突出危险性预测，当预测有突出危险时，制定并采取防突措施，对措施的效果进行检验，检验确定措施有效后，可采取安全防范措施进行采掘作业。若预测无突出危险时，可直接采取安全防护措施进行采掘作业。

第三节　矿尘灾害防治

一、矿尘的产生及危害

1. 矿尘的产生。矿尘又叫矿井粉尘，它是煤矿在生产过程中所产生的各种细散状的固体颗粒。这些矿尘根据岩性不同一般分为煤尘和岩尘。悬浮于空气中的矿尘称为浮尘；沉落下来的矿尘称为落尘。

煤矿生产的多数作业都会不同程度地产生矿尘。如井下爆破、采掘机械截割煤、煤炭提升运输、装载、回柱放顶等生产的各个环节，都会产生大量的矿尘。这其中采掘工作面产尘量最高，可占井下产尘量的70％～80％；其次是运输系统的各转载点。所以，生产中我们要注意做好这些重点部位的防尘工作。

2. 矿尘的主要危害：

（1）矿尘易使矿工患尘肺病。尘肺病是煤矿职业病中最严重、患病人数最多的一种疾病，一旦患病很难治愈。在我国煤矿中每年因尘肺病造成的死亡人数十分惊人。但尽管如此，由于尘肺病发病比较缓慢，病程又长，所以在煤矿生产建设中往往不被人们所重视。

尘肺病主要是以肺部纤维化组织增生为主要特征的肺部病变。它一般分为矽肺病、煤矽肺病和煤肺病。矽肺病主要是因吸入过多岩尘导致的，而煤肺病则是因吸入过量煤尘而患的一种疾病。由此可见，做好防尘工作是预防尘肺病的关键所在。

（2）煤尘爆炸。我们知道，块状的煤炭只能燃烧是不会发生爆炸的。为什么当煤炭被粉碎形成煤尘后它就会爆炸呢？这是因为当煤炭被粉碎形成煤尘后其表面积得到了大大增加，其氧化能力也显著增强。煤尘在氧气的氧化作用下，就会迅速释放出大量的可燃可爆性气体，当这些气体达到一定浓度时，遇到火源就会发生燃烧或爆炸。特别是当空气中有瓦斯存在时更容易引起煤尘的爆炸。

二、煤尘爆炸的必要条件及预防

1. 煤尘爆炸的必要条件：

（1）煤尘本身具有爆炸倾向性。

（2）悬浮在空气中的煤尘浓度一般为45～2 000克/立方米。

（3）有引起煤尘爆炸的火源，通常为610～1 050℃以上。

此外，空气中的氧浓度对煤尘爆炸有很大影响。当空气中的氧浓度较高时，点燃煤尘所需的温度降低；反之，温度则较高。当空气中的氧气浓度低于18%时单独的煤尘将不会发生爆炸。

这里应该指出的是，上述煤尘爆炸条件是通过实验获得的，而煤矿井下与实验条件不同，煤矿井下属爆炸性环境，井下空气中含有许多爆炸性气体，如瓦斯等。这些气体的存在会降低煤尘爆炸的下限浓度，而且瓦斯浓度越高，煤尘爆炸的下限浓度越低。由此可见，在做好矿尘防治的同时，瓦斯防治更为重要。

2. 煤尘爆炸的特点：

（1）煤尘能在没有瓦斯存在的情况下发生爆炸。

（2）煤尘能使小规模的瓦斯爆炸变成大爆炸。

（3）煤尘和瓦斯同时存在时，会相互增加爆炸的危险性，降低各自的爆炸下限浓度。

（4）煤尘爆炸会产生大量有毒气体一氧化碳，从而造成大量人员伤亡。

3. 煤尘爆炸的危害性。煤尘爆炸同瓦斯爆炸一样会产生高温气体和火焰、产生大量的有毒有害气体，产生高压、冲击波等。

4. 预防矿尘灾害的措施：

（1）认真做好防尘、降尘工作。防尘、降尘，是煤矿防治矿尘灾害的一项根本性措施，它不仅能大大改善井下的作业环境，防止和减少尘肺病的发生，同时也是预防煤尘爆炸的关键所在。怎样做好矿井防尘和降尘工作呢？

1）《煤矿安全规程》规定："每一矿井必须建立完善的防尘供水系统，没有防尘供水系统的采掘工作面不得生产。"这就告诉我们，要想做好矿井防尘工作，基础设施建设是关键。因此，煤矿在生产建设中，要按照"三同时"的要求，建立完善的防尘供水系统，以保证煤矿的安全生产。

2）为减少矿尘的产生，堵绝尘源是关键。为此，在煤矿生产中易产尘工艺和地点都要采取必要的防、降尘措施。

3）井下爆破时必须坚持湿式打眼，使用水炮泥，爆破前、后冲洗煤壁，爆破时喷雾降尘，出煤时洒水等措施，以减少煤尘飞扬。

4）使用采煤机、掘进机作业的采掘工作面，是矿尘产生的主要来源之一，因此，采煤机、掘进机作业时必须使用内、外喷雾装置，否则不得生产。

5）装岩要喷雾洒水，避免粉尘飞扬，以降低浮沉。

6）在做好减尘、降尘工作的同时，清扫或冲洗沉积煤尘也是非常重要的。沉积煤尘往往是造成煤尘爆炸的罪魁祸首。这是因为井下爆破和瓦斯爆炸所产生的冲击波会将沉积煤尘吹起，使之很快达到爆炸浓度。这时如果有火源存在，就会引起煤尘爆炸。如 2000 年贵州省某煤矿，因一掘进工作面发生局部瓦斯爆炸，爆炸冲击波将大量沉积煤尘吹起引起整个矿井的爆炸，造成 162 人死亡的特别重大事故。

7）搞好矿井通风，合理调整风速，也是减少和降低悬浮煤尘的有效措施之一。实践证明，当将巷道风速调整为 2 米/秒左右时，矿井空气中的浮尘浓度就会大大降低。

8）煤层注水是减少采掘过程矿尘产生的一项有效措施，特别是机械化程度较高的矿井，采用预先煤层注水其减尘效果更佳。所以，有条件的矿井应优先选用这种方法。预先煤层注水就是在煤炭开采前，预先在煤层中打若干钻孔，通过钻孔注入高压水，使其渗入煤体内部，增加煤的水分，从而减少煤层开采过程中的产尘量。

（2）个体防护。上面我们介绍的是矿井防、降尘技术措施。但我们知道，即便我们在矿井生产的很多方面，虽然采取了一定的防尘措施，但也难以完全消除矿尘的存在，甚至有的作业地点，粉尘浓度依然很高。因此，为了最大限度地减少矿尘对矿工身体的危害，矿工自身防护也是防尘工作中不可缺少的一个重要手段。

个体防护，主要是指矿工在生产中所佩戴的劳动保护用具。它包括防尘口罩、防尘帽、防尘呼吸器、防尘面罩等。希望广大矿工要按照有关规定和要求正确佩戴和使用。

（3）设置隔爆设施，防止灾害的扩大与蔓延。煤尘爆炸的另一个特点是能够发生连续爆炸。这是因为，爆炸产生的冲击波能将巷道中的沉积煤尘吹起，从而使巷道中的煤尘浓度重新达到爆炸范围。这时，落后于冲击波传播速度的火焰到达时，就能再次发生爆炸。所以，有煤尘爆炸危险的矿井，必须采取隔爆设施。

隔爆设施的主要作用就是当井下某一地点发生瓦斯或煤尘爆炸时，为使爆炸过程不向外传播，引起其他地点连锁爆炸而采用的一种措施。

目前，我国煤矿使用的隔爆设施主要有岩粉棚和水棚等。隔爆设施的设置一般是在矿井的两翼、相邻的采区间、相邻的煤层间用岩粉棚或水棚隔开。

此外，为了防止煤尘爆炸，我们除了要坚持做好上述防尘、降尘工作以外，还要杜绝引起煤尘爆炸的火源。如严禁入井人员携带烟草及点火用具下井，严禁穿化纤衣服；加强机电设备管理，防止漏电及电火花的产生；加强明火管理；搞好井下安全爆破等。

第四节　矿井火灾及应急措施

俗话说水火无情，火灾不仅能造成重大财产损失，同时它也会造成重大人员伤亡，尤其是矿井火灾，更为可怕。这是因为，煤矿井下为封闭空间，矿井火灾中产生的有毒有害气体会随风流扩散，使灾害范围扩大，又由于井下空间狭窄，给灭火带来极大困难。因此，矿井火灾是煤矿重大灾害之一，我们每一名矿工必须引起高度重视，做好预防工作并掌握井下灭火方法。

一、矿井火灾的类型

矿井火灾按照它发火原因的不同分为内因火灾和外因火灾。

1. 内因火灾。由于煤炭自燃引起的火灾称为内因火灾。

(1) 煤炭自燃的过程。煤炭之所以能发生自燃，是因为煤炭具有吸收氧气的能力。当煤炭被破碎后或煤层本身裂隙发育时，煤体表面积大大增加。在此情况下，空气中的氧会与之发生氧化反应并生成一定的热量。如果氧化生成的热量不能及时被冷却，它又会加速煤炭的氧化，氧化又将有大量的热量生成。这样恶性循环下去，一旦煤体温度达到其燃烧点，煤炭就会发生自燃。

(2) 内因火灾的特点。内因火灾一般发火地点比较隐蔽，不易发现，灭火困难。

(3) 煤炭自燃经常发生的地点。从以往经验看，煤炭自燃一般经常发生在有大量遗煤而未及时封闭或封闭不严的采空区内，以及废弃的联络巷和停采线处；巷道两侧和遗留在采空区内受压破坏的煤柱；巷道内堆积的浮煤或煤巷的冒顶、垮帮等处。

(4) 煤炭发火前的一般预兆。煤炭在自然发火前往往会出现一些发火征兆，如巷道中出现雾气或巷道壁及支架上出现水珠；巷道中闻到煤油味、汽油味、松节油味或焦油味；发火地点流出的水以及周围空气的温度较平常高；人接近发火地点时有头痛、闷热、精神疲乏、裸露皮肤微痛等感觉，这些都是煤炭发火前的预兆，在生产中如果遇到这些现象，要及时向有关部门报告。

(5) 内因火灾的预防。为防止煤矿发生自燃火灾，对自然发火严重的矿井，一般要求矿井主要运输大巷和总回风巷应尽量布置在岩层中，如果一定要布置在有发火危险的煤层内时，那么就必须采取砌碹或锚喷，其后用不燃性材料充填密实等措施。同时，开采有自然发火的煤层时，采煤工作面必须采用后退式开采顺序，并对采空区、突出和冒落孔洞等空隙处，采取预防性灌浆或全部充填，也可采用喷洒阻燃剂、注阻化泥浆、注凝胶剂、注惰性气体以及均压防火等措施。

2. 外因火灾。由外来火源引起的火灾称为外因火灾。

（1）造成外因火灾的主要原因：

1）由明火引起的矿井火灾，如井下吸烟、井下使用电（气）焊、井下使用电炉和大灯泡取暖等引起易燃物着火。

2）电气故障引起矿井火灾，如电流短路产生的弧光、电火花、电缆放炮、设备过载运行导致设备发热等引起的火灾。

3）井下违章爆破引起矿井火灾，如使用变质炸药，井下放糊炮、放明炮和明火放炮，以及井下爆破不使用水炮泥、炮眼封泥量不足等都会引起火灾。

4）瓦斯煤尘爆炸产生的高温也会引起矿井火灾。

5）撞击火花、摩擦生热等也会引起矿井火灾。

（2）外因火灾的特点。外因火灾的特点是发生突然，来势凶猛，且发生的时间与地点往往出乎人们的意料。所以，由于人们没有思想准备，因而会造成人们因惊慌失措而酿成恶性事故。

（3）外因火灾事故的预防。外因火灾事故人为因素较多，因此，每一名矿工要牢固树立“安全第一、预防为主”的思想，严格遵守《煤矿安全规程》的规定，并做到：①入井矿工严禁携带烟草及点火用具下井。②井下严禁使用电炉和大灯泡取暖。③井下进行电、气焊和喷灯焊接等工作时，必须采取严格的安全防范措施，切不可麻痹大意。④井下爆破时，必须严格执行有关安全爆破的各项规定，不要使用变质炸药，更不能放糊炮和放明炮，严禁采用明火或动力电源爆破。⑤加强机电设备管理，杜绝电气设备失爆，避免电火花和电流短路现象发生。各种设备运转要良好，严禁带病运行，避免因摩擦生热而引起火灾的发生。

二、矿井火灾的危害

1. 火灾能产生大量的有毒有害气体，造成人员中毒。据国内外资料统计，在矿井火灾事故中95%以上的遇难人员是死于有毒气体中毒。那么，矿井火灾中都会产生哪些有毒有害气体呢？经检测我们知道，煤炭燃烧会产生一氧化碳、二氧化碳、二氧化硫、烟尘等。另外，井下坑木、橡胶类物品、聚氯乙烯制品等燃烧时，不仅会产生一氧化碳气体，同时还会产生醇类、醛类以及其他一些复杂的有机化合物等有毒有害气体，这些气体会随风流在井下扩散，有时会波及很大的范围甚至全矿井，从而造成大量人员中毒伤亡。

2. 火灾会形成火风压，使灾害范围扩大。火风压是指发生在矿井垂直巷道或倾斜巷道内的火灾或高温火烟流经这些巷道时，由于巷道中的空气温度升高，密度减小，从而形成的一种附加的自然风压。

火风压的产生，不仅会使矿井通风发生紊乱，严重时会导致风流发生逆转，使井下本未发生火灾的区域也受到火烟的侵袭，造成大量人员有毒有害气体中毒，扩大灾情。因此，当井下人员接到火灾警报通知时，应果断采取行动，立即沿避灾路线撤退，千万不要犹豫不决。

3. 火灾易引起瓦斯、煤尘的爆炸。火灾引起瓦斯、煤尘的爆炸的原因，一是火灾为瓦斯、煤尘爆炸提供了引爆火源。二是由于火灾的作用，一些燃烧物在干馏的作用下，会释放出一些可燃性和可爆性气体，增加了爆炸的危险性。所以，矿井火灾与瓦斯煤尘爆炸，互为作用，互为转化。

三、矿井发生火灾时，现场人员的行动原则

井下任何人发现火灾时，不要惊慌失措，贻误时机，应视火灾的性质、地点以及灾区通风和瓦斯情况，在确保人身安全的情况下，立即采取一切可能的方法进行灭火，控制火势。否则，有可能因现

场人员的行动迟缓或惊慌失措而酿成大祸。在积极投入灭火的同时，要迅速报告矿调度室，调度室在接到井下火灾报告后，会立即按照事故应急预案，下达行动命令。现场人员接到命令后，要果断行动。若火灾发生很大，现场人员已无力灭火，或接到撤退命令时，灾区人员要有组织有秩序地组织撤退并迅速戴好自救器，撤退要沿着规定的避灾路线撤退。如果撤退途中烟雾很大无法辨清方向时，撤退人员可手扶巷帮或管线逆风流方向撤退，也可手扶轨道匍匐撤退。

四、井下常用灭火方法及灭火时的注意事项

井下不同于地面，因井下空间狭窄，又属爆炸性环境，所以灭火方法的选择也非常重要。如电气设备着火、炸药着火以及其他物体着火时，其灭火方法的选择也应有所不同。

1. 用水灭火及注意事项。因水有很大的吸热能力，可降低火区温度，起到冷却作用，加之强力的水流直接喷射火源，可阻止物体燃烧和火势蔓延，而达到灭火的目的。但在井下用水灭火，有其局限性，所以，用水灭火时应注意以下问题：

（1）用水灭火时，水量要充足。水量不足，不仅难以灭火，还有可能因贻误时机，使火灾得以迅速发展，酿成更大的火灾。

（2）用水灭火时，必须要保证风路畅通，以使高温烟气和水蒸气顺利排出，避免高温烟气和水蒸气返回伤人，甚至引起水煤气的爆炸。

（3）用水灭火时，要检查周围的瓦斯浓度，当瓦斯浓度达到或超过 2%时，严禁用水灭火。

（4）用水灭火时，要从火源外围灭起，逐渐逼近火源中心，切不可将水直接喷向火源中心，这是因为水在高温的作用下，会发生分解而产生氢气和氧气，甚至产生水煤气，这不仅不利于灭火，还

增加了爆炸的危险性。

(5) 灭火时，灭火人员要站在火源的进风侧，不要站在回风侧，以防烟气伤人和炽热的煤岩壁因水的冷却而发生巷道塌冒伤人等。

(6) 电气设备着火时，在电源未切断前，切不可用水灭电气火灾。这是因为水能导电易造成灭火人员的触电。所以，电气设备着火时，应首先切断电源，在电源未切断前，只准用不导电的灭火工具灭火。

(7) 油料着火时，禁止用水灭火。

2. 沙土灭火及注意事项。沙土灭火方法常用于电气设备着火和油料着火，但要切记，当煤矿炸药发生燃烧时，不能用沙土埋压。这是因为煤矿炸药为正氧平衡，炸药燃烧时，其本身就能产生氧气，它不需外界空气中的氧气助燃。如果用沙土进行埋压，因燃烧中产生的气体无法扩散，而形成压力，到一定程度时很可能会发生爆炸。

3. 干粉灭火器灭火。干粉灭火器是以 N_2 或 CO_2 为动力，将干粉喷射到燃烧物上。干粉在高温的作用下受热分解，放出不燃性气体（NH_3 和 H_2O），以稀释火区内的氧浓度，同时干粉在高温作用下熔化、胶结，形成覆盖层，阻止火与可燃物的接触。

干粉灭火器一般适用于火灾发生的初始阶段。使用时，要一手握住喷嘴胶管，另一手打开灭火器的阀门，将干粉喷射到燃烧物上。

使用干粉灭火器时应特别注意堵塞现象，所以，在使用时应首先将灭火器上下颠倒数次，使药粉松动。上下颠倒时注意要握紧喷射胶管，防止喷嘴摆动打伤人。

4. 隔绝灭火。当井下发生火灾又难以扑灭时，为了及时控制火势，防止火灾扩大，同时也为了防止火灾烟气的蔓延，要及时将火区封闭起来，即隔绝灭火。

第五节　矿井水害及防治

矿井水害是继瓦斯爆炸和顶板事故之后发生较为频繁的又一重大灾害事故。特别是近几年来，我国煤矿突水事故有增无减，严重威胁着广大矿工的生命安全。如 2005 年 8 月 7 日广东省梅州兴宁市大兴煤矿发生重大突水事故，造成 123 人遇难。这一事故无情地告诉我们，矿井防治水同防治瓦斯爆炸一样重要，必须引起人们的高度重视。

一、造成矿井突水的主要水源

1. 地表水。位于井田之上，对煤炭开采构成影响和威胁的地表水体称为地表水。造成地表水突水事故的主要原因，一是地表裂隙发育，地表水沿裂隙进入井下；二是井筒位置选择不当，距地表水体较近或将井筒建在地势较低处，当洪水泛滥时，超过井筒标高，地表水沿井筒往井下溃入；三是明知井田之上有地表水，但在井下开采煤炭时，不留设防水煤柱或防水煤柱厚度不够或防水煤柱被破坏，而导致地表水直接向井下溃入造成重大事故。

2. 地下含水层。煤系地层中有很多含水的岩层，有的水是在岩层的孔隙中赋存，有的水是在岩层裂隙中赋存，更为严重的是，有的矿井还受岩溶溶洞水的威胁。因这些水除水量丰富以外，往往又具有很大的压力，生产中一旦接露到或通过其他构造接露到岩溶水，就会造成重大突水事故。

3. 老空水。老空即采空区。煤炭采过后形成采空区被封闭后，如果上覆岩层有含水区域，水流入采空区，采空区就像地下水库一样赋存着水，当我们开采其附近的煤层，特别是开采下一区段的煤层时，如果不采取探放水等防范措施，一旦接露到它，采空区内的水就会迅猛地突入开采区域，造成事故。另外，废旧巷道有时也会有积水存在，接露时同样会发生突水事故。

4. 断层导水。断层是煤矿生产中常见的一种地质构造。它不仅对煤矿生产产生影响，同时，它还是一个良好的导水通道，特别是落差较大的断层，其导水的可能性更大，甚至会把岩溶水引入矿井，造成矿井重大突水事故。

5. 岩溶陷落柱水。有的矿井煤系地层中还有岩溶陷落柱存在。陷落柱是岩溶溶洞冒落后形成的一种类似柱状体的地质构造。陷落柱内不仅由破碎煤矸组成，往往积存有大量的水且具有较高的压力，生产中遇到陷落柱时若不采取防范措施，就会酿成严重后果。如1984 年开滦范各庄矿，生产中遇到一隐形岩溶陷落柱，造成矿井重大突水事故，在很短时间内就将一大型矿井淹没，还波及相邻矿井，涌水量达每分钟 2 053 立方米，创造了“世界之最”，造成了重大经济损失。

二、造成矿井水害的原因

矿井发生水灾事故的原因归纳起来主要有三个方面，一是自然因素，二是技术原因，三是人的行为。

1. 自然因素。我国大多数煤矿水文地质条件极为复杂，可预见的与不可预见的水文地质构造较多。特别是我国石炭纪地质年代生成的煤田，其煤系地层的底部是奥陶纪充水石灰岩，它厚度大（800米左右）、含水丰富、压力高，一旦发生突水，必造成恶性事故。另外，我国煤炭开采历史悠久，煤田中古窑、小井星罗棋布，且又无史料记载，现代勘察难以掌握其准确位置，煤矿生产中一旦接露它们，很可能会造成事故。

2. 技术原因。我国煤矿起源较早，但真正的发展还是新中国成立以后，特别是改革开放以后，我国煤矿得到了迅速发展。时至今日，无论是煤炭产量，还是煤炭数量均居世界第一。经过多年的发展，我国煤矿生产技术有了很大进步，国有煤矿近80%实现了机械化。同时，煤矿防灾抗灾能力也逐渐增强。但是，我们也不能不看到，我国煤矿整体技术水平并不高，甚至还很低。特别是一些乡镇煤矿现仍在使用原始落后的开采方法生产，不仅生产落后，安全也无保证。在矿井防治水上无技术可言，甚至连基本的防治手段都不具备，不懂什么叫超前预防，只会“兵来将挡，水来土屯”，遇到复杂情况则更难以应对。

3. 人的行为。人的行为是导致矿井发生水害的重要原因之一。其原因是：人们对水害的认识程度不够；业务人员技术水平不高；经营者只顾眼前利益，乱采乱掘，忽视安全，防治水投资不足；从业人员以及管理人员不懂水害规律，不知透水预兆，有的即便发现了透水预兆，但存有侥幸心理，冒险作业等，这些都是造成矿井水灾事故的原因。

三、矿井透水预兆

透水预兆就是矿井在发生透水前常常出现的一些特征，它是我国广大矿工实践经验的总结，对我们预防矿井透水事故的发生，减少人员伤亡具有重大作用。常见的透水预兆有挂红，挂汗，煤壁发潮变暗，空气变冷、发生雾气，水叫声，顶板来压、淋水加大，底板鼓起或产生裂隙，水色发浑有臭味。具体含义是：

1. 挂红：含铁物质丰富的地下水，尤其是老空水，因其里面常常有丢弃的铁梁、铁柱等，经水浸泡使水中产生暗红色的水锈，透水前这种水往往通过煤岩裂隙流出，水锈沉积在缝壁上呈现红色。

2. 挂汗：水在压力的作用下，沿煤岩裂隙和孔隙渗透到煤岩壁表面形成水珠俗称挂汗。

3. 煤壁发潮变暗：采掘工作面接近积水区域时，煤壁发潮，光泽暗淡。

4. 空气变冷，发生雾气：工作面接近积水区域时，由于地下水的作用，煤体将会发凉，工作面空气温度降低，而且越接近工作面越觉得寒冷。

5. 水叫声：当地下水有压力时，水沿煤岩缝隙喷出时，发出的空气震动声。

6. 顶板来压，淋水加大：煤层上覆岩层如有含水层且距煤层较近时，透水前煤层顶板压力明显增加，并伴有淋水加大等现象。

7. 底板鼓起或产生裂隙：当煤层底板较薄或松软且距含水层较近时，发生透水前，在水压力的作用下，煤层底板有时会出现底鼓或产生裂隙甚至出现喷水等现象。

8. 水色发浑有臭味：矿井透溶洞水和冲积层水时，因溶洞水无补充水源而呈现灰色；矿井透冲积层水时往往掺杂黄泥而呈现黄色。又因为溶洞水、老空水属死水，里面会含有许多浮游物，在地下水的长期浸泡下会产生硫化氢气体，透水时，硫化氢气体随之流动而嗅到臭鸡蛋味。

四、井下发生透水事故时，现场人员的行动原则

现场人员发现突水预兆或接到警报通知后，千万不能惊慌，要立即采取应急措施，将出水情况及时报告矿调度室。与此同时，在班组长或老工人的带领下，就地取材，加固工作面，并设法堵水，防止事故的进一步扩大。如果情况紧急，现场无力救灾时，要有组织地沿避灾路线撤出，迅速撤退到上部水平或地面。若所有出口已被封堵无法撤出时，要选择地势较高、顶板稳定的地点实行避灾。避灾时应保持镇静，避免体力过度消耗，并不时地发出求救信号以待救援。

五、矿井水害防治措施

矿井水害的防治措施，应该说煤矿发展到今天已日趋成熟，关键问题是如何掌握和运用。防治措施应包括两个方面，一是地面，二是井下。

1. 地面防治水措施：

(1) 严格按《煤矿安全规程》规定，合理确定井筒及工业广场

位置。井口和工业广场内的建筑物的高程必须高于当地历年最高洪水位。

(2) 井田之上若有地表水体，井下开采时应留设足够的防水煤柱。如无足够的隔水层时，井田范围内的地表水体应采取疏干、河流改道等措施。

(3) 如地形复杂，河沟较多且小河流又流经岩溶发育的石灰岩层时，则应铺设石灰岩地段的防漏河床，以减少渗漏。

(4) 矿井受河流、山洪和滑坡等威胁时，必须采取修筑堤坝、泄洪渠和防止滑坡等措施。

(5) 每年雨季前必须对防治水工作进行全面检查。

(6) 严禁将矸石、炉灰、垃圾等杂物堆放在山洪、河流可能冲刷到的地段。

2. 井下防治水。井下防治水是矿井防治水工作的重中之重，井下水害事故占矿井水害事故较大比例。因此，为防止和减少井下水害事故，我们应做好以下工作：

(1) 必须做好水害分析和预报，了解和掌握井下水害规律，坚持有疑必探，先探后掘的探放水原则。

(2) 采掘工作面接近可能积水的井巷、老空区和小煤矿，接近水文地质复杂的区域，如含水层、导水断层、溶洞和陷落柱时以及接近其他可能出水地区时，必须确定探水线进行探水，确认无突水危险后方可作业。切不可麻痹大意，更不能心存侥幸，冒险作业。

(3) 严禁开采和破坏各种防隔水煤柱。如断层煤柱、井田边界煤柱、地表积水区防水煤柱、冲积层防水煤（岩）柱等。

(4) 采掘工作面或其他地点发现透水预兆时，必须立即停止作业，采取措施，及时报告矿调度室，并发出警报，撤出所有受水威胁地点的人员。

（5）为防止灾害范围扩大，水文地质条件复杂或有突水淹井危险的矿井，在井底车场周围必须设置防水闸门。在其他有突水危险的地区，只有在其附近设置防水闸门后，方可掘进。

第六节　煤矿顶板事故及其防治

顶板事故是煤矿生产中最常见的一种事故，它不仅发生率高，其危害性也大。每年我国煤矿因顶板事故造成的伤亡人数十分惊人。因此，广大矿工在煤矿生产中，一定要注意做好顶板管理工作，以防止和减少顶板事故的发生。

顶板事故，按照顶板冒落范围的大小一般分为局部冒顶和大面积冒顶。

1. 局部冒顶。局部冒顶是指当煤层顶板破碎，节理发育时，工作面不进行及时支护或支护质量不合格而引起小范围的顶板冒落。有时在采掘工作遇到地质变化时，该区域由于受地质构造的影响也会发生局部冒顶，因此，当采掘工作遇到地质构造时要制定并落实好防范措施。

（1）易发生局部冒顶的地点及原因：

1）煤壁附近易发生局部冒顶。其原因是：一是当煤层顶板裂隙发育，落煤后又不及时进行支护，顶板就有可能在无任何预兆的情况下突然冒落，造成局部冒顶事故的发生；二是如果靠近煤壁处的支护支撑力不够，就会导致机道上方顶板过分变形和破裂，从而引起局部冒顶；三是爆破时，如果炮眼布置不当或装药量过大崩倒支架，使顶板失去支护造成局部冒顶；四是老顶来压时使煤壁附近的直接顶板破碎，而导致煤壁发生片帮，从而扩大了无支护空间引起局部冒顶。

2）工作面两端易发生局部冒顶。采用刮板运输机运输的工作面，在工作面两端因经常需要移动机头机尾，这时就要摘除此处的支柱，摘除支柱时易造成直接顶下沉，从而导致破碎顶板或孤立岩块冒落；还有，工作面上下出口因巷道支护一般初撑力很小，这样就易使顶板下沉、松动甚至破碎，特别是当直接顶由薄弱软岩层组成时，更容易发生冒顶；此外，工作面上下出口因受支撑压力的影响，很容易造成顶板破碎，甚至由于支撑压力的影响还会造成巷道支架的损坏，使支架失效而引起冒顶。

3）工作面放顶线处易发生局部冒顶。因工作面放顶线处的支柱受力不均，当人工回撤受力较大的支柱时，有时就会造成顶板垮落。

4）地质破坏带处易发生局部冒顶。地质破坏带处的顶板，由于受地质构造影响往往比较破碎，开采时遇到这些地方，破碎顶板就较易发生冒顶。

（2）发生局部冒顶前的预兆：

1）工作面遇到小型地质构造而导致工作面顶板破碎。

2）顶板裂隙增大、增多，敲击顶板时发出不正常的声响。

3）顶板裂隙内有活矸，并有掉渣、掉矸等现象，特别是在掉大块前往往先掉小块矸石。

4）顶板上的薄矸石片不断脱落。

5）顶板有淋水且淋水不断加大等。

（3）预防局部冒顶的措施：

1）正确选择支架。选择支架形式时，应考虑顶板岩性，要使支架形式与顶板岩性相适应，这是避免局部冒顶事故发生的重要措施之一。如坚硬的顶板可采用点柱或带帽点柱，而破碎顶板就要用连锁棚、套棚，并在梁上插入背板甚至笆片。同时，无论选择何种支架，支架的支撑力要满足顶板压力的需要。

2）破煤后要及时支护。破煤后煤壁处悬露面积增大，为防止冒顶，一定要采取超前挂顶梁或打临时支柱等措施进行及时支护，严禁空顶作业。

3）加强支护。在工作面上下出口、机头机尾等易冒顶处，要采取特种支架进行支护，如架设抬棚、打密集支柱和打木垛等。

4）防止放炮崩倒支架。采掘工作面爆破时，要正确布置炮眼深度和角度，装药量要合理，爆破前要检查支架支护质量，发现问题及时处理。严禁将支柱架设在浮煤或浮矸上。

5）工作面要及时回柱放顶，当控顶距离超过作业规程规定时禁止采煤。回柱放顶必须严格按照《操作规程》和《作业规程》规定进行。回柱时要认真观察周围顶板变化，发现异常情况及时处理。放顶区域内的支架要回清撤净，严禁采空区内遗留没有回撤的支架。回柱后若采空区顶板坚硬不冒落，当超过规定悬顶距离时，必须采取人工强制放顶措施。

6）及时修复或更换折梁断柱。当煤层上覆顶板压力较大时，一旦超过支架的抗压强度，支架就会发生变形、失效甚至折损等现象。此时，如果不及时修复或更换，就极有可能发生局部冒顶。因此，生产中若出现此种情况，必须引起高度重视，切不可麻痹大意，更不可有“凑合”心理，必须采取措施进行处理。

2. 大面积冒顶。大面积冒顶，根据冒顶形式的不同通常分为压垮型冒顶、推垮型冒顶和漏垮型冒顶。

压垮型冒顶一般是由于坚硬直接顶或老顶来压时，压断、压弯工作阻力小、可缩量不足的支架，使其失去支撑能力，或在顶板压力的作用下，将支柱压入煤层底板中，使支架失去支撑力而造成的大面积冒顶。实践表明，压垮型冒顶一般多在老顶来压时发生。

推垮型冒顶一般是由于直接顶或老顶大面积运动造成的。这是因为，开采时如果由于某种原因已造成直接顶在煤壁附近发生断裂，使顶板失去稳定性，则顶板在下滑力的作用下就有可能沿某一方向滑动，从而将工作面支架推倒而造成大面积冒顶。

漏垮型冒顶多是因为破碎顶板，沿支护薄弱地点发生漏冒而导致顶板漏空发生离层，当顶板来压时，由于压力大、冲击力强，而将支架压垮或推倒，造成大面积冒顶。

（1）工作面易发生大面积冒顶的地点：

1）开切眼附近。因该区域上部硬岩层老顶两边受煤柱支撑不易下沉，而老顶下部的软岩层直接顶较易下沉，这就使得直接顶与老顶容易发生离层，当老顶来压时就会发生大面积冒顶。

2）地质破坏带处。在地质破坏带处，煤层直接顶易发生折断，折断的顶板形成大块岩体并下滑，而导致大面积冒顶。

3）旧巷附近。旧巷顶板因受采动影响已然破坏，采掘工作接近此处时，破断的顶板就会冒落下沉，造成冒顶。

4）煤层倾角大的地段易发生冒顶。煤层倾角大，其顶板在下滑力的作用下倾斜滑落造成冒顶。

5）工作面遇有复合顶板时易发生大面积冒顶。复合顶板即由软硬岩层组成的顶板，通常是下软上硬。因复合顶板容易造成软硬岩层离层，所以易发生大面积冒顶。

（2）大面积冒顶前的一般预兆：

1）“一掉”：即顶板掉渣。顶板破碎掉渣且由少增多，这预示着顶板压力增大，很快就会发生冒顶。因此，发现这种情况，绝不能视而不见，置之不理，要采取果断措施，避免发生安全事故。

2）“二响”：即发出响声。冒顶前出现的响声一般是由于顶板断裂发出的，以及支架受力发出的响声，有时在采空区内还会听到像闷雷一样的声响，这往往就是冒顶前的预兆，遇到这种情况现场人员一定要注意安全，切不可麻痹大意，更不准冒险作业。

3）“三劈”：即煤壁劈帮，这是由于冒顶前压力增加，煤壁受压后煤质变软因而导致煤壁劈帮。因煤质变软，打钻时还会明显感觉钻眼省力，采煤机割煤时也会感到负荷减小。

4）“四裂”：即顶板裂缝增加且逐渐增大，这往往是由于顶板下沉产生的结果。遇此情况，现场人员应迅速撤离现场躲到安全地点，切不可心存侥幸心理而冒险作业。

5）“五漏”：即漏顶。当顶板出现漏顶且长漏不停时，这种现象是非常危险的。因为漏顶后，支架棚梁托空，支架松动，当岩石继续冒落时，就会发生大冒顶。

6）“六离”：顶板冒落前，往往会出现顶板离层现象，此时，如果采用敲帮问顶方法不能及时发现和处理，一旦老顶下落时，即会发生没有预兆的大面积冒顶与切顶事故。因此，坚持敲帮问顶制度，掌握敲帮问顶技巧和方法，是预防此类事故的关键。

（3）大冒顶事故的预防措施：

1）加大采场支护密度。加大采场支护密度就是加强工作面的总支撑力以减少顶板下沉量和顶板的台阶下沉。下沉量小，顶板完整不破碎，就可防止或减少冒顶事故。具体做法可以是缩小工作面支架的排距和柱距或采用特种支架等。

2）掌握工作面周期来压规律。工作面周期来压前要加强支护，多增支架，并采取各种安全防范措施，做到万无一失，只有这样才能消除冒顶事故的发生。

3）加快工作面的推进速度。因为工作面推进速度慢，顶板下沉量大，则顶板压力也大，易造成工作面支架折损和失效，使工作面支撑能力下降。因此，加快工作面推进速度，就可避免上述现象的发生。

4）提高支架的稳定性。煤层大都有一定的倾角，特别是在倾角较大时，为防止顶板沿倾斜方向滑动而推倒支架，应将支架连成一体，形成“整体支架”，以提高支架的稳定性。同时，也可采用斜撑、抬棚、木垛等特种支架，来提高支架的稳定性。

5）支架选型和架设要遵守规定。无论是使用木支护还是金属支护，支架的选型要合理，要使支架有足够的支撑能力。支架架设时，严禁将支架架设在浮煤或浮矸上，当煤层底板松软时，支架要穿“鞋”。

6）遇地质构造带时要采取安全防范措施。地质构造带处是发生冒顶事故最多的地点之一，因此，加强地质构造带处的安全防范措施是非常重要的。如遇到落差较大的断层时，必须探明断层范围，然后绕过断层另开工作面。当断层落差不大时，一般可采取硬过的方法，即采取挑顶、卧底等措施逐步通过。

3. 发生冒顶事故时现场人员的应急措施：

（1）当工作面发现冒顶预兆，现场人员又不能采取有效措施避免顶板冒落时，应迅速离开危险区域，撤退到安全地点。

（2）如果冒顶发生比较突然，现场人员来不及脱离现场，此时，现场人员要尽最大可能地靠煤帮贴身站立，或到木垛处躲避，因此处较其他地点是较安全的，这是经验总结。

（3）若冒顶被埋压后，遇险矿工也不要过于紧张，可采用喊叫、敲打物体等方法发出呼救，但如果有可能发生连续冒顶情况时，此时只能呼叫不能敲打物体，防止由于震动而引发新的冒顶。

（4）遇险矿工要积极配合抢救人员的抢救工作，不要采取剧烈挣扎的方法挣脱。因为剧烈挣扎会使周围的煤矸、物料失去暂时的平衡，导致更加压实或新的冒落，增加抢救的难度和危险。

（5）若抢救其他遇险矿工时，禁止用锹、镐等工具攉煤，特别是当遇险矿工被大块岩石压住时，此时注意不要采取掀滚、用锤敲打大块岩石等方法。正确的方法是采用液压起重器或千斤顶等工具，把大块岩石顶起，将人救出，以免造成遇险人员的更大伤害。

(6) 抢救被埋压人员时，要认真观察周围顶板情况，以保证抢救者的安全，避免二次事故的发生。抢救时要加固冒落地点和矿工躲避地点的支架，以防止冒顶事故扩大。

第七节　煤矿爆破事故的预防

井下爆破是我国煤矿，特别是我国中小煤矿目前普遍采用的一种生产工艺。它不仅广泛用于采煤工作面，同时，它也是巷道掘进的主要手段。为此，爆破作业的好坏不仅关乎煤矿生产能否顺利进行，它也关系到煤矿的安全。每年我国煤矿因爆破引发的生产安全事故时续不断，如爆破崩人，跑烟熏人，爆破引起瓦斯、煤尘爆炸事故，爆破引起矿井火灾等。

2001 年 7 月 22 日，江苏省徐州市某煤矿，因井下使用明火放炮，发生特别重大瓦斯煤尘爆炸事故，死亡 92 人（其中女工 23 人），直接经济损失 538.22 万元。

2001 年 11 月 15 日，山西省吕梁地区某煤炭有限公司，在矿井通风系统破坏、井下风量不足的情况下，依然进行井下爆破作业，爆破前又不检查瓦斯，结果引起了特大瓦斯爆炸事故，死亡 33 人，1 人受伤，直接经济损失 171.69 万元。

一、井下爆破工艺及要求

井下爆破工艺主要包括打眼、装药、封孔、连线、爆破等工序。由此可见，井下爆破是一个较为复杂的过程，它工序多、时间长、要求高、也易发生事故。所以，它的每一道工序都必须严格按照规定和要求进行操作，来不得半点马虎。

1. 打眼。打眼就是利用煤电钻或风锤在煤、岩层中进行钻眼，以便装入炸药和起爆药。打眼对爆破工作影响很大，它不仅会影响爆破效果，同时对安全生产也至关重要，因此，我们必须予以高度重视。打眼时必须按照爆破说明书的要求逐个将炮眼打准、打好，无论是炮眼深度还是炮眼角度都要符合要求。

2. 装药。炮眼打好后，第二步就是装药。装药前必须用掏勺等工具先将炮眼内的煤、岩粉清除干净，以免影响爆破效果，甚至引发事故。装药时，聚能穴方向要一致，用木或竹质炮棍轻轻将药卷推入炮眼中，药卷间要密接，但严禁用炮棍直接捣固药卷。

3. 封孔。炸药爆炸之所以有很强的爆炸力，这主要是炸药爆炸时会产生大量的气体，从而形成很高的压力而起到破坏性作用。同时，由于炸药爆炸还会产生高温火焰和有毒有害气体，所以，封孔时要使用水炮泥。水炮泥外剩余部分用黏土炮泥填满封实，炮眼封孔一定要严密。严禁使用煤粉等易燃材料代替炮泥使用，严禁使用垫药和盖药。

4. 连线。连线是一项技术性要求高，责任心要求强的工作，因此，连线必须由专职爆破工进行操作。既要连实、更要连对，防止出现漏连、错连和虚连等现象。连线完毕后还要进行导通试验，导通试验必须使用导通表或爆破电桥，不准使用摇表和万能表，更不准用发炮机打火的方式进行导通试验。

5. 爆破。爆破是这些工序中最后也是最关键的一项工作。因此，无论是现场负责人、放炮工还是现场工人都必须认真对待，严格遵守有关安全爆破的各项规定。

二、井下进行爆破时的安全注意事项

1. 井下爆破必须由专职爆破工担任，并持有爆破合格证，无论何时、何种情况下，其他任何人都不准代替爆破工进行爆破。

2. 爆破是一项技术性较高、危险性较大的作业，所以，爆破工作必须要编制爆破作业图表，其内容必须注明爆破条件、炮眼布置图表（爆破说明书）以及预期爆破效果等。爆破工必须要依照爆破说明书的规定进行爆破作业。

3. 井下爆破必须使用煤矿许用炸药和煤矿许用电雷管。煤矿许用炸药的选用应符合《煤矿安全规程》的规定。即低瓦斯矿井的煤层采掘工作面，半煤岩掘进工作面必须使用安全等级不低于二级的煤矿许用炸药；高瓦斯矿井、低瓦斯矿井的高瓦斯区域，必须使用安全等级不低于三级的煤矿许用炸药。有煤（岩）与瓦斯突出危险的工作面，必须使用安全等级不低于三级的煤矿许用含水炸药。严禁使用黑火药和冻结或半冻结的硝化甘油类炸药。同一工作面内也不得使用两种不同种类的炸药。

4. 爆破工无论是携带还是运输，严禁和其他人员同车、同罐上、下井；炸药和电雷管的存放要分开，严禁混装；炸药、雷管保管要严密，严禁乱扔乱放，要建立严格的爆炸材料领退制度。

5. 爆破作业必须坚持“一炮三检”。即在装药前、放炮前、放炮后要检查放炮地点附近 20 米以内风流中的瓦斯浓度，当瓦斯浓度达到 1%时，严禁装药爆破，严禁瓦斯超限作业。

6. 爆破前，应先将工作面内的机器、设备、工具等清理遮挡好，防止因爆破造成设备损坏；此外，当在爆破地点 20 米以内，有矿车、未清除的煤、矸或其他物体堵塞巷道严重时，也要严禁装药爆破。

7. 炮眼内若发现有异状、温度骤高骤低、或有显著瓦斯涌出、或煤岩松散和透老空等情况时，要意识到这可能就是事故发生前的前兆，此时，要立即停止装药爆破，并及时上报，切不可冒险作业。

8. 井下爆破不得使用过期或严重变质的爆炸材料，否则是很危险的；同时，不同厂家生产的或不同品种的电雷管也不能掺混使用，以免发生事故。

9. 爆破必须使用水炮泥。水炮泥不仅能起到熄火降温的作用，同时它也会大大降低爆破中所产生的矿尘，稀释炮烟中的有毒有害气体。因此，爆破时要坚持使用水炮泥，水炮泥外剩余部分再用黏土炮泥填满封实。无封泥、封泥不足或不实的炮眼严禁爆破。井下严禁放明炮、糊炮和明火放炮。

10. 采掘工作面放炮前，还要做好防尘和支架加固工作。因此，爆破前在放炮地点 20 米内要洒水灭尘，以防炸药爆炸时因冲击波造成矿尘飞扬而引起事故。为防止爆破崩倒支架造成冒顶，爆破前要对爆破地点附近的支架进行加固。

11. 爆破前，班组长必须认真清点人数，无误后，再将人员撤到安全地点，放炮安全距离必须符合《规程》规定，即采煤工作面爆破安全距离不小于 30 米；煤层掘进工作面直线段不小于 75 米，有一直角弯时不小于 50 米；岩巷掘进直线段不小于 150 米，有直角弯时不小于 100 米。同时，班组长还要亲自布置警戒，在通往爆破地点的各个路口都要有专人把守，以防他人误入而引起爆破崩人事故。

12. 爆破工得到班组长的爆破命令后，不要急于爆破，必须要发出爆破警号，警号发出后至少再等 5 秒钟，确无问题后方可起爆。

13. 爆破后，待工作面的炮烟被吹散，应先由爆破工、瓦斯检查员和班组长巡视爆破地点，检查工作面通风、瓦斯、煤尘、顶板、支架、拒爆、残爆等情况，发现问题要及时处理，确认安全后，其他工人方可进入工作面工作。

14. 若爆破出现拒爆时，处理工作必须在班组长的领导下进行，严禁用镐刨、用手拽。正确的处理方法是：如因连线不实产生的拒爆，可重新连线爆破，除此之外，则必须在距拒爆炮眼 0.3 米以外处，重新打一平行眼装药爆破，爆破后爆破工必须详细检查炸落的煤、矸，收集未爆的电雷管，并上缴。特别应注意的是，在处理拒爆工作完毕前，严禁在该地点进行同处理拒爆无关的工作。同时，处理拒爆工作应在当班完成，如当班确不能完成时，当班爆破工必须在现场向下一班爆破工交代清楚，以免发生事故。

15. 为防止炮烟熏人，爆破后，现场人员不要顶烟进入工作面，否则很容易造成炮烟中毒。这是因为炮烟中含有大量的有毒有害气体，其主要成分是二氧化氮，人吸入后很容易造成中毒。如 1972 年，河北省某煤矿在煤层掘进巷道时，由于爆破后工人们立即迎着炮烟进入工作面，致使在该工作面工作的工人 3 天内连续死亡 2 名青年工人，且都是下班回宿舍休息，次日早上发现的。事后经诊断死者都是因为吸入了大量炮烟造成中毒、引起肺水肿而死的。由此可见，顶烟进入工作面是非常危险的。所以，爆破后一定要等炮烟吹净后再进入工作面工作，以确保人身安全。

上述规定和要求是我国广大煤矿职工在长期的生产实践中总结出来的经验教训。煤矿本身就具有较多的危险因素，井下爆破更增加了它的危险性。因此说，搞好安全爆破是关系煤矿安全的一件大事，任何麻痹大意和违章操作都有可能酿成重大事故。因此，井下爆破必须做到安全爆破。

复习与思考题

1. 矿井通风的目的是什么？

2. 矿内空气中有毒有害气体的主要来源、危害以及防范措施是什么？

3. 什么是矿井通风系统？其特点是什么？

4. 《煤矿安全规程》对采掘工作面风速、风量和温度是如何要求的？

5. 矿井通风设施都包括哪些？其作用是什么？

6. 《煤矿安全规程》对掘进通风都作了哪些规定？

7. 矿井瓦斯都有哪些性质？

8. 瓦斯在煤中的赋存状态有哪些？

9. 瓦斯的涌出形式有几种？影响瓦斯涌出的主要因素有哪些？

10. 瓦斯爆炸须具备哪些条件？影响瓦斯爆炸的因素有哪些？

11. 预防瓦斯爆炸的措施有哪些？

12. 《煤矿安全规程》为防止瓦斯爆炸都作了哪些规定？

13. 矿尘的危害有哪些？

14. 矿尘是如何产生的？

15. 煤矿尘肺病患病的原因是什么，如何预防？

16. 煤尘爆炸须具备哪些条件，如何预防煤尘爆炸？

17. 井下防降尘措施都有哪些？

18. 什么是矿井火灾，矿井火灾有哪些特点？

19. 造成外因火灾的原因都有哪些？

20. 井下用水灭火时的注意事项有哪些？

21. 怎样防止外因火灾的发生？

22. 井下发生火灾时，现场人员的行动原则是什么?

23. 造成矿井的主要水源有哪些?

24. 造成水灾事故的主要原因有哪些?

25. 矿井发生突水前一般都会出现哪些预兆?

26. 矿井水害防止措施都包括哪些?

27. 冒顶事故一般分为几类，都有哪些特点?

28. 井下哪些地点易发生冒顶?

29. 冒顶前的预兆有哪些?

30. 预防冒顶的措施有哪些?

31. 发生冒顶事故时现场人员应采取哪些应急措施?

32. 井下爆破工艺都包括哪些工序?

33. 井下运输爆破材料时应遵守哪些规定?

34. 何谓“一炮三检”?

35. 对炮眼封泥有何要求和规定?

36. 井下放炮安全距离是如何规定的?

37. 怎样防止跑烟熏人?

38. 爆破出现拒爆时，如何进行处理?

第六章　自救互救与创伤急救

学习目的：

要求通过本章的学习，熟练掌握人工呼吸、心脏复苏、止血、包扎、骨折临时固定和伤员搬运等，使大家在井下发生伤害事故时，能对受伤人员施以正确的急救；熟练掌握自救器的使用方法，在灾害来临之时能施以正确的自救互救，最大限度地减少灾害造成的人身伤亡。

生是人的欲望，求生是人的本能。在灾难面前，人所释放出的巨大能量，就是人本能的体现。如果人在灾害来临之时能施以正确的自救互救，就能减少灾害造成的损失。

我国绝大多数煤矿生产条件复杂，环境恶劣，瓦斯、煤尘爆炸，火灾，水灾，冒顶等灾害一应俱全。每年因灾害事故夺去了许多矿工的生命。为此，矿工在发生事故时，现场能正确地实施自救和互救就显得非常重要。实践证明，工人进行有效的自救和互救，能大大降低事故所造成的伤害。

为使大家在井下发生伤害事故时，能对受伤人员施以正确的急救，下面介绍几种常用的创伤急救方法。现场急救方法主要包括人工呼吸、心脏复苏、止血、包扎、骨折临时固定和伤员搬运等。

第一节 心肺复苏

一、人工呼吸

人工呼吸是对因受伤而导致呼吸停止的伤员实施急救的一种方法。常用的人工呼吸方法有以下几种。

1. 口对口人工呼吸法。做口对口人工呼吸的要领是：首先将伤员抬到新鲜风流和支架完好的安全地点，然后让伤员仰面平卧，头部后仰；解开伤者的腰带和衣扣，轻轻撬开伤员的嘴，清除口腔内脏物；抢救者跪在伤员一侧，捏紧伤员鼻孔，掰开伤员的嘴；吹气前抢救者深吸气，然后紧贴伤员嘴，大口吹气；吹气完毕，要立即离开，并松开伤员鼻孔。照此方法反复操作，每分钟吹气 14～16 次，如图 6—1 所示。

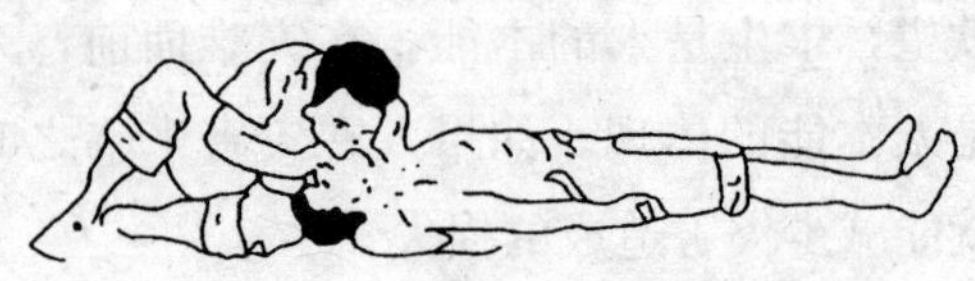

图 6—1 口对口人工呼吸

2. 仰卧压胸法。做这种方法时，要让伤员仰卧；救护者跨跪在伤员两侧；两拇指向内，其余四指向外伸开，平放在胸部两侧乳头之下；借上半身重力压伤员胸部，挤出肺内空气；然后救护者后仰，除去压力。如此有节律地进行，推压次数应每分钟 16～20 次，如图 6—2 所示。

3. 俯卧压背法。俯卧压背法一般是对溺水人员抢救时常用的一种方法。具体操作方法是：首先使伤员背部朝上，俯卧平躺，头偏向一侧，腰部垫起，伤员两臂前伸；救护者骑跨在伤员身上，双膝

图 6—2　仰卧压胸法

跪在伤员大腿两侧，两手放在伤员背部两侧，拇指指向背柱骨，其他四指向外伸开；救护者身体前倾，挤压伤员背部，使伤员肺部空气呼出；救护者身体抬起，两手松开，恢复原来的姿势。这样反复进行，大约每分钟做 14～16 次，如图 6—3 所示。

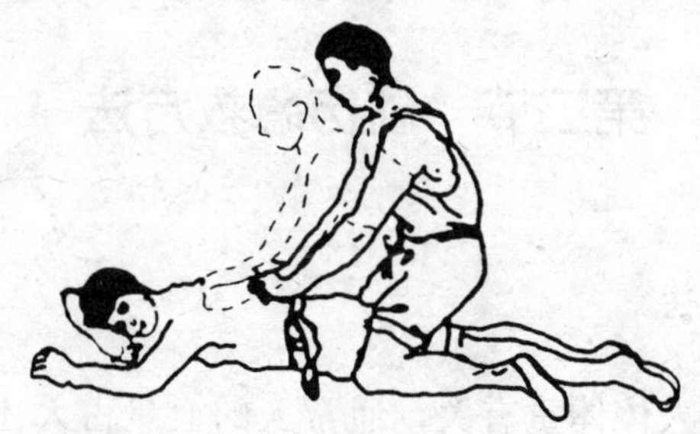

图 6—3　俯卧压背法

二、心脏复苏

心脏复苏是抢救心跳停止人员常用的方法，它主要有心前区叩击和胸外心脏按压两种方法。

1. 心前区叩击法。实践证明，人在心脏停跳后 90 秒内，心脏应激性是增强的，叩击心前区往往可使心脏复跳。操作方法是：心脏骤停后立即叩击心前区，叩击次数一般可连续叩击 1～2 次，力量不可太猛，若无效，应立即放弃，改用胸外心脏按压法。

2. 胸外心脏按压法。操作方法如图 6—4 所示，首先将伤员仰卧平躺，解开伤者衣扣，松开腰带；救护者跪跨在伤员大腿两侧；救护者两手重叠，借助身体自重向下挤压伤员胸部，压陷深度约 4～5 厘米；挤压后突然放松，但掌根不可离开，让伤员的胸部自行弹起；反复而有节奏地进行挤压和放松，每分钟大约 100 次。

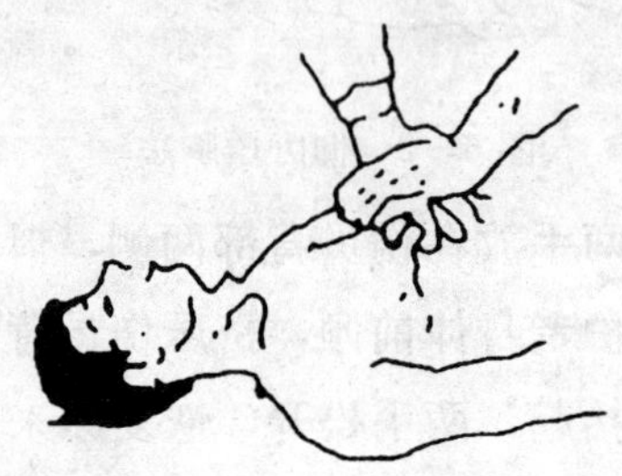

图 6—4　胸外心脏按压法

第二节　创伤急救方法

一、止血方法

人的血量与人体体重有关，通常人的血量占人体体重的 7%～8%。人受伤出血后，失血量达人体总血量的 40%以上时，就有生命危险。因此，现场对出血伤员要及时止血，以免发生因失血过多而死亡。止血方法有：

1. 指压止血法。即在伤口的上方（靠近心脏一端），用拇指或手掌压住出血血管至骨头上，以阻断血流，如图 6—5 所示。此法适用于四肢大出血的暂时性止血。但采用此法不宜过久。

2. 加压包扎止血法。先用消毒纱布，也可用干净的毛巾敷在伤口上，再加上棉布团或纱布带，然后用绷带包扎，以达到止血的目的，这种方法适用于小血管和毛细血管止血。

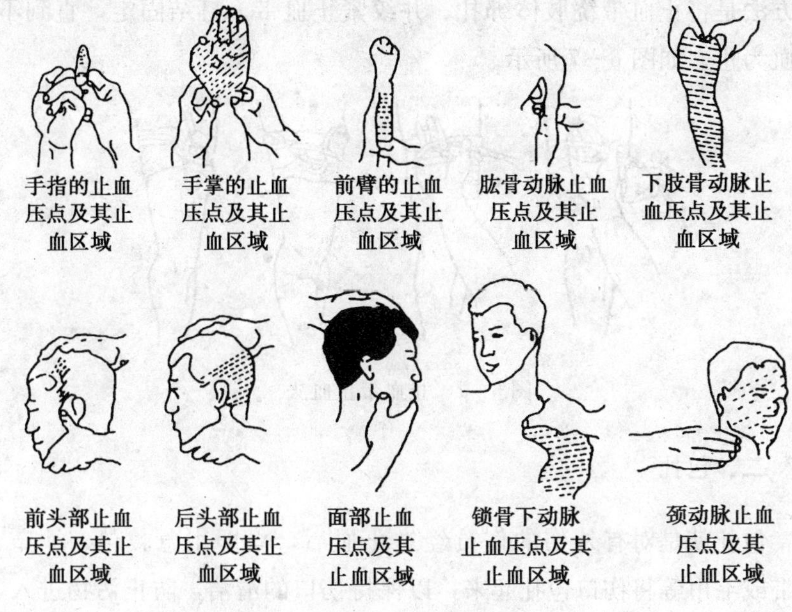

图 6—5　指压止血法

3. 加垫曲肢止血法。这种方法多用于小臂和小腿的止血。它是利用肘关节或膝关节的弯曲功能，压迫血管达到止血。具体做法是：在肘窝或膝窝处放入棉垫或衣垫，然后使关节弯曲到最大限度，再用绷带把前臂与上臂或小腿与大腿固定，如图 6—6 所示。

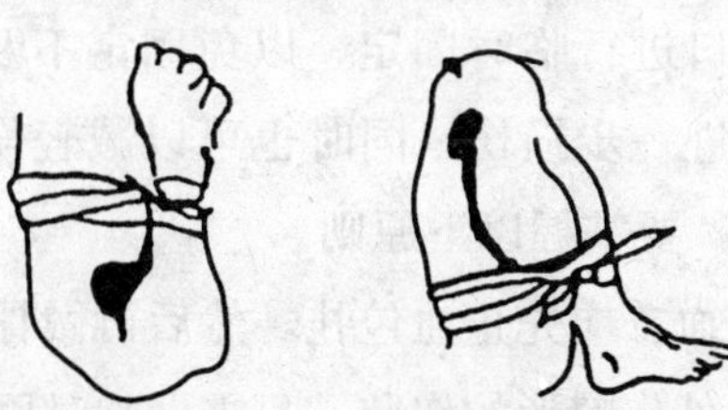

图 6—6　加垫曲肢止血法

4. 止血带止血法。当四肢大血管出血，尤其是动脉出血，用止血带止血效果最好。若现场没有止血带，也可用橡皮管、纱布、毛巾、布带等代替，但严禁用铁丝和绳索代替止血带使用。其具体操作方法是将止血带绕肢体绑扎、并绞紧止血带、打结固定，直到不流血为止，如图 6—7 所示。

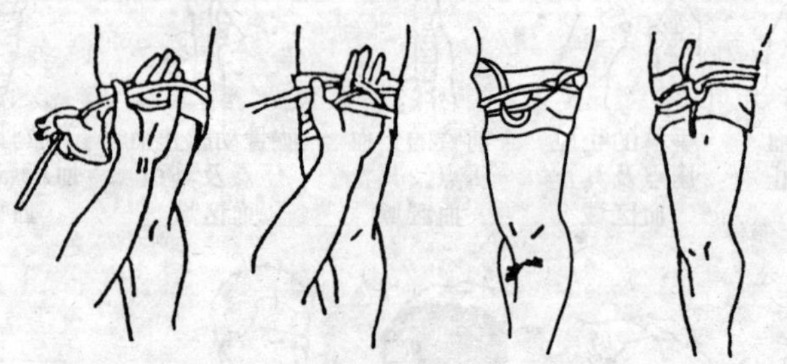

图 6—7　止血带止血法

二、包扎

包扎就是对有外伤的伤员经过止血后，立即用急救包、纱布、绷带或毛巾等将伤口包扎起来，以保持伤口的清洁，防止污物进入，避免感染。

三、骨折的临时固定

如果伤员的受伤部位出现剧烈疼痛、肿胀、变形以及不能活动等现象时，就有可能发生了骨折。这时必须用一切可利用的条件，迅速而准确地把伤口进行临时固定，以免固定不及时而造成周围组织、血管和神经的进一步损伤，同时也可以减轻伤员的痛苦。在进行骨折临时固定时，要掌握以下原则。

1. 如伤口有出血，应先止血包扎，然后再做骨折固定。

2. 对于有明显外伤畸形的伤肢，只需做临时固定进行大体纠正，而不要复位，也不要把露出的断骨送回伤口，否则会给伤员增加不必要的痛苦或因处理不当而使伤情加重。

3. 在固定前不要随意移动伤员和伤肢。

4. 做临时固定夹板的长度和宽度要与受伤的肢体相符。

5. 夹板不能同皮肤直接接触，要用柔软物品垫好。

6. 固定时不可过紧或过松。

四、伤员搬运

伤员在井下经过急救、止血、包扎和骨折临时固定后，就要迅速向地面医院转送。搬送伤员是井下抢救工作中的最后一个环节，搬运工作做的好坏，直接关系到伤员转送到地面后的救治效果。如果搬运不当，就可能造成伤员的伤情加重，增加治疗中的困难，给伤员留下痛苦甚至终身瘫痪，严重时还可能造成伤员的死亡。因此搬运工作十分重要。

井下搬运伤员的方法有用担架搬运、单人徒手搬运和多人徒手搬运，究竟采用哪种搬运方法，要依伤员的伤情、现场条件和抢救人员的力量来确定。

煤矿发生灾害事故时，对受伤人员的急救方法不是一朝一夕就能够完全掌握的，这还需要广大矿工在生产实践中多学多练，只有这样，我们才能够真正掌握操作技巧，关键时刻发挥作用。

第三节　井下灾害事故现场的自救方法与原则

一、井下发生灾害事故时，现场人员的行动原则

井下发生灾害事故时，现场人员的行动原则是：及时报告、果敢灭灾、加强保护、安全撤离、妥善避灾。

1. 及时报告。井下发生灾变事故时，现场人员要尽最大可能了解和判明事故的性质、地点和灾害程度，迅速报告矿调度室，同时，向受灾害影响区域的人员发出警报通知。

2. 积极灭灾。就是在保证安全的前提下，采取积极有效措施，将事故消灭在萌芽状态或控制在最小范围，最大限度地减少事故造成的伤害和损失。

3. 加强保护。即发生的灾害事故对自身安全构成威胁时，要采取必要措施进行自我保护。如为防止有害气体中毒而佩戴自救器，或用湿毛巾捂住口鼻等。

4. 及时撤离。就是当灾区已不具备抢险救灾条件且危及人员安全时，灾区人员不要坐以待毙，要以最快的速度、选择最近的避灾路线及时撤离。

5. 妥善避灾。如果灾害发生后，撤退路线都已被封堵，短时间内无法撤出时，灾区人员应实施妥善避灾。避灾方法，可根据现场情况选择一安全地点避灾，若现场有避难硐室最好进入避难硐室，若无永久性避难硐室时，可构筑临时避难硐室。

二、自救器的使用方法及佩戴时的注意事项

实践证明，矿井发生火灾、瓦斯、煤尘爆炸时，及时佩戴自救器能有效地预防事故中产生的有毒有害气体的中毒，大大降低事故所造成的伤亡。

自救器按其工作原理可分为过滤式自救器、化学氧自救器和压缩氧自救器。

1. 过滤式自救器：

(1) 过滤式自救器的适用条件。过滤式自救器适用于井下发生瓦斯、煤尘爆炸和矿井火灾事故时，为防止一氧化碳中毒而佩戴。

(2) 佩戴方法。拉开封口带；去掉外壳上盖；将药罐从壳中拿出；夹住鼻夹、咬住口具；戴上头带，戴上安全帽。如图 6—8 所示。

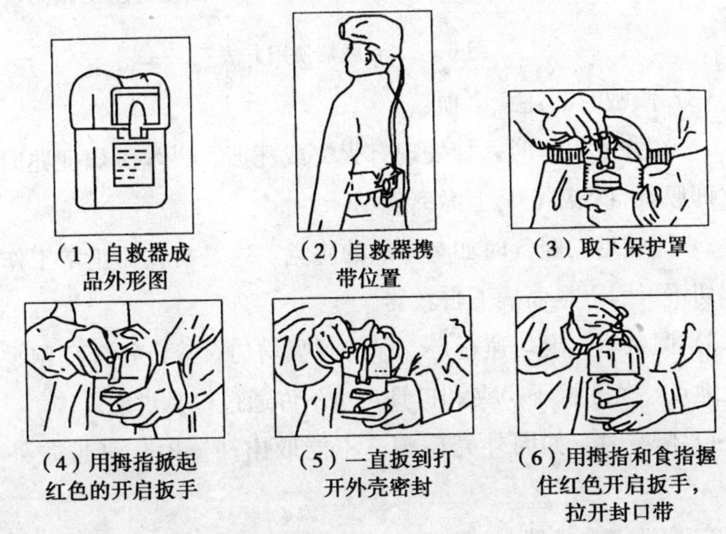

(1) 自救器成品外形图　(2) 自救器携带位置　(3) 取下保护罩

(4) 用拇指掀起红色的开启扳手　(5) 一直扳到打开外壳密封　(6) 用拇指和食指握住红色开启扳手，拉开封口带

（7）拔开外壳上盖

（8）握住头带把药罐从外壳中拉出

（9）从口具上拉开鼻夹

（10）把口具片塞进嘴内，咬住牙垫，唇紧贴住口具，马上开始用口腔呼吸

（11）拉开鼻夹，把它夹在鼻子上

（12）初步佩戴完成，自救器已提供疗效保护

（13）取下矿工帽，把头带套在头顶上

（14）戴上矿工帽，开始撤离危险区

（15）如外壳碰瘪，过滤罐取不出来，可以佩戴着外罐壳的过滤药罐呼吸

图 6—8　自救器使用方法

（3）佩戴时的注意事项：

1）在井下工作时，如发现有火灾或瓦斯、煤尘爆炸征兆时，必须立即佩戴自救器，马上撤离现场。

2）佩戴后，吸气时如有干热的感觉，这是自救器正常工作的结果，切不可因干热而摘下自救器。

3）佩戴后，要匀速行走，保持呼吸均匀，禁止狂奔乱跑。不到安全地点，禁止摘下鼻夹和口具，也不许通过口具讲话。

4）佩戴时，如因外壳碰瘪，不能取出药罐时，可带着外壳使用。

2. 化学氧自救器：

（1）适用条件。化学氧自救器也叫隔离式自救器，因它是闭路呼吸循环系统，与外部气体无联系，所以它可适用于井下任何灾害事故发生时为防止有毒有害气体中毒而佩戴。

（2）佩戴方法。开启扳手；去掉上外壳；套上挎带；提起口具并立即戴好；夹好鼻夹；调整挎带；去掉外壳；系好腰带。

以上介绍的是自救器的使用方法和使用时的注意事项，希望大家通过学习和练习，能正确佩戴和使用。

三、避难硐室

经验告诉我们，煤矿事故的一个显著的特点是突发性强，有时事故发生后，现场人员还来不及逃离，去路却已被封堵。此时，现场人员切不可因此而惊慌失措，应就近快速进入避难硐室。避难硐室的位置在井下都有明显的标志，希望大家要牢记。

如果附近没有永久性避难硐室，也可就近构筑一临时避难硐室。临时避难硐室应构筑在顶板稳定、支护良好的地点。

进入避难硐室前，应在洞口留有标志，以提示救护人员的注意。进入避难硐室后，要利用现场条件及时将硐口遮挡，以减少硐室内氧含量的消耗和有害气体的侵入，并做好长时间避难的准备，以待救援。同时，进入避难硐室后还要不间断地向外发出呼救信号，如敲打铁管、岩壁等。

复习与思考题

1. 常用人工呼吸方法有哪些？

2. 如何做心脏体外按压？

3. 用止血带止血时应注意哪些问题？

4. 做临时骨折固定时应遵循哪些原则?

5. 井下发生事故时，现场人员应遵循哪些原则?

6. 过滤式自救器使用条件及佩戴时的注意事项有哪些?

参考文献

1. 国家煤矿安全监察局. 煤矿安全规程. 煤炭工业出版社，2004

2. 张晓彻. 煤矿新工人. 煤炭工业出版社，2003

3. 宁廷全. 煤矿安全生产管理人员. 煤炭工业出版社，2006

4. 隆泗.《主提升机司机》. 煤炭工业出版社，2003

5. 宁廷全.《运输区（队）长》. 煤炭工业出版社，2004